黄笛 ▣ 著

古
与
内装饰
研究

清华大学 出版社
北 京

内 容 简 介

本书以中国古代不同历史时期的物质文化发展为脉络，以宏观与微观相结合的视角梳理了从史前文明直至明清时期的室内装饰与陈设发展历程与艺术技术特点。本书共七个章节，各对应七个装饰与陈设的重要历史发展阶段，分别是史前居住环境、先秦时期室内装饰与陈设、秦汉时期室内装饰与陈设、魏晋南北朝时期室内装饰与陈设、隋唐时期室内装饰与陈设、宋元时期室内装饰与陈设、明清时期室内装饰与陈设。全书文字简要精练，并精选各个时期有代表性的考古文物、壁画和历史名画等图片逾百幅，图文并茂。

本书可以作为建筑装饰、室内陈设、环境设计和居室园艺等爱好者的知识读物和专业参考书。

图书在版编目（CIP）数据

古代室内装饰与陈设研究 / 黄笛著 . -- 北京 : 清华大学出版社 , 2024. 8. -- ISBN 978-7-302-66931-9

Ⅰ. TU238.2-092

中国国家版本馆 CIP 数据核字第 20240YB598 号

责任编辑：杜 晓
封面设计：曹 来
责任校对：袁 芳
责任印制：刘 菲

出版发行：清华大学出版社
   网　　址：https://www.tup.com.cn，https://www.wqxuetang.com
   地　　址：北京清华大学学研大厦 A 座　　　邮　　编：100084
   社 总 机：010-83470000　　　　　　　　邮　　购：010-62786544
   投稿与读者服务：010-62776969，c-service@tup.tsinghua.edu.cn
   质量反馈：010-62772015，zhiliang@tup.tsinghua.edu.cn
印 装 者：三河市龙大印装有限公司
经　　销：全国新华书店
开　　本：185mm×260mm　　　印　张：10.25　　　字　数：154 千字
版　　次：2024 年 8 月第 1 版　　　　　　　　印　次：2024 年 8 月第 1 次印刷
定　　价：49.00 元

产品编号：107634-01

前言

　　中国古代建筑装饰与陈设是中国建筑艺术的重要组成部分，不仅展现了中华民族深厚的文化内涵和历史价值，也展示出中国古代人民的智慧和审美追求。在中国传统文化的滋养中经过数千年的发展衍化，中国古代室内装饰与陈设形成了独特的、成体系的风格特色和艺术风貌，这些特色风格的形成受每个历史阶段的社会经济发展和民族文化交流的影响。

　　不同时期、不同阶层对建筑室内装饰与陈设的物质实用功能与精神审美需求不尽相同。通过对历史文献的深度阅读、分析以及图像资料的整理，并结合已有的考古研究发现，作者将古代室内装饰与陈设艺术在宏观与微观、时间与空间方面加以梳理、整合，寻找各个历史时期真实而又比较完整的室内空间面貌，揭示古代室内装饰陈设与社会经济文化的深层联系。本书虽然以中国古代历史发展时期为整体脉络，但是重点阐述装饰和陈设有重要变化和显著特色的历史阶段。

　　一个传统美学空间的营造是空间布局、界面装饰和陈设搭配相辅相成的结果。装饰与陈设共同塑造了室内的空间功能与环境氛围，是既独立又相互关联、依存、影响的两种艺术。因此，我们只有跨越学科界限，从室内设计的角度对不同历史时期的装饰和陈设资料进行整合与关联性分析，才能够重新勾画出各个时期室内空间立体和生动的形象。本书共七章，分别阐述了史前、先秦、秦汉、魏晋南北朝、隋唐、宋元和明清时期的室内空间布局、主要界面装饰、家具陈设及居室园艺等内容，并且根据每个阶段的特点各有侧重。

　　本书由北京电子科技职业学院黄笛著写，中国园林博物馆冯玉兰、承德市园林管理中心赵颖颖帮助查阅和整理资料。本书由北京电子科技职业学院人才项目经费资助出版。

　　本书在编写过程中参考了许多史籍、著作和博物馆收藏信息，在此向相关作者和单位表示感谢。虽然我们对本书中所述内容都尽量核实，并多次进行文、图校对，但书中难免存在不妥之处，恳请广大读者批评、指正。

著　者

2024 年 3 月

目录

第一章　史前居住环境

　　人类最早在地球上的生存可追溯到几百万年前。原始社会虽然生产力低下，建筑更无法与其后的任何一个社会形态时的建筑相比，但它却是其后各社会形态建筑的基础与发端。原始社会分为旧石器时代与新石器时代。旧石器时代由猿人出现开始，直到进化为完全脱离低级动物界的人类，其间经历了一个较为漫长的过程。不管是在以打制石器为主的旧石器时代，还是在以磨制石器为主的新石器时代，原始人类的生产能力和生活水平都极为低下，他们能够赖以生存和利用的自然资源也非常有限。而在这期间的居住空间的发展也随着自然环境的变化和人类自身的不断成长而演变。

第一节 原 始 住 所

从林地、山地到河谷平原，史前人类早期的居住方式大概经历了从树栖、穴居到人工聚落的变化。多种多样的居住方式是由不同的自然地理环境所决定的。最初处于采集狩猎时期的人类处于不停的迁徙状态，过着茹毛饮血的生活，树栖方式似乎就是人类最佳的居住选择。这个阶段除了必要的生存工具外没有任何多余的器物，人类活动的全部意义就是在自然中生存。随着构筑能力的提升和经验的积累，史前人类在单树巢和多树巢的基础上，进一步发展出了干阑式建筑。

旧石器时代的史前人类就已经会利用洞穴来躲避恶劣天气和野兽攻击。半坡仰韶文化遗址的"半穴居"属于木骨泥墙的构筑方式。其下部是挖掘出来的方形或圆形浅穴，穴壁为房屋的墙壁，然后使用树木枝干和植物茎叶构成顶部围护结构，一半在地下，一半在地上，形成了"屋"的雏形，从而具备了建筑意义上的空间和轮廓，奠定了中国古典建筑土木混合结构的传统。

这种半地下土木结构建筑后来都发展到地面。考古学家在甘肃秦安大地湾建筑遗址中发现大量的地面式建筑。其中，在仰韶晚期遗址中发现了两座大型房址。建筑考古学家杨鸿勋先生将整组建筑复原为：前堂后室、两侧有"旁"屋和"夹"屋的平面。"前堂"一般是用于举行部落氏族的朝会等公共活动，"后室"则作为居住和私人活动的场所。该建筑群占地面积约420平方米，是迄今为止我国考古发现规模最大的新石器时期居住遗址（图1-1）。

在中国南方的沼泽地区，则发现了许多木结构干阑式建筑遗址（图1-2）。这类建筑上层住人，下层放养动物和堆放杂物，适应南方潮湿的气候环境，是巢居的继承与发展。河姆渡文化遗址中出土了大量该类房屋遗迹和榫卯构件。这种带榫卯结构的木构架建筑，是中国传统建筑和家具结构的雏形。

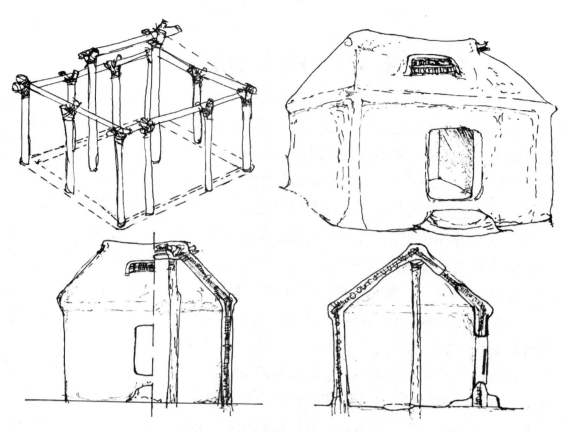

图 1-1　半坡遗址方形房屋复原图

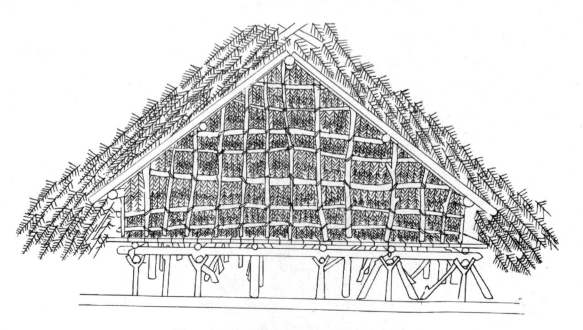

图 1-2　河姆渡干阑式建筑复原示意图

第二节　原始生活陈设

　　与大量人类活动遗址同时出土的还有遗址里面的生活用品，如席、陶器和骨器等。陶器是人类历史上最远古的发明之一，也是史前人类生活中最原始的"陈设品"之一。先人发现黏土与水混合后具有黏性和可塑性，可以塑造各种形态。当塑形的泥坯经过火的高温加热后便定型成为陶器，可以用于烹调、盛放和储存食物，人们不用为了食物频繁迁移，从而促进了人类的定居。由泥到陶，其意义不仅在于物质的改变，而是人类改造自然的质的飞跃。考古研究表明，陶器的盛行与人类的定居生活密切相关，因为陶器笨重、体积庞大且易于破碎的特性意味着它不适合频繁移动。最原始的居室陈设伴随着先民的定居生活以及陶器的使用，在新石器时代孕育产生。

　　新陶器的产生，大大地改善了人类的生活条件。它源于自然生活的实际需求，在需求满足后，继而有了美的提升和用途延展，如在陶器上绘制彩色图案。器皿成型之后，把含铁元素的矿石粉碎，提炼成彩料，然后在器皿表面绘制图案，经过高温焙烧后便产生了漂亮的纹饰，如：象征繁殖崇拜的鱼纹、象征太阳崇拜的鸟纹（三足金鸟）以及象征月亮崇拜的蛙纹（月宫也叫蟾宫）。彩陶作为新石器时代最璀璨的艺术形式，在不同地区其纹饰和图案呈现出了各不相同的特点，是史前人类审美观与思想价值观的体现，也是当时人类日常生活的写照（图 1-3~ 图 1-11）。

图 1-3　鱼纹彩陶盆（现藏于中国国家博物馆）

图 1-4　猪纹长圆形黑陶钵（河姆渡文化遗址出土，现藏于浙江省博物馆）

图 1-5　舞蹈纹彩陶盆（青海省大通县上孙家寨出土，现藏于中国国家博物馆）

图 1-6　人面鱼纹彩陶盆（半坡文化遗址出土，现藏于中国国家博物馆）

图 1-7　人头形器口彩陶瓶（甘肃省秦安大地湾遗址出土，现藏于甘肃省博物馆）

图 1-8　猪面纹细颈彩陶壶（甘肃省秦安县王家阴洼出土，现藏于甘肃省博物馆）

图 1-9　旋纹圈足三联杯（新石器时代马家窑文化遗址出土，现藏于甘肃省博物馆）

图 1-10　鹳鱼石斧图彩陶缸（河南省临汝县出土，现藏于中国国家博物馆）

图1-11　八角星纹彩陶豆（山东泰安市大汶口遗址出土，现藏于山东省博物馆）

　　这些对器物以及空间的装饰行为显然是出于美化生活的愿望。在生产力低下的新石器时期，以彩陶为主的陈设已经是居住空间中美化生活最灵活和富有表现力的元素。在陶器上绘制图案和色彩，并不能直接改善先民们的生活条件，但却为日常生活增添了美感和艺术氛围。不仅如此，到新石器时代后期，器物的造型也开始出现从实用中脱离出来的迹象。

　　例如，陕西省华县太平庄出土的鹰形陶鼎（图1-12）就是一件将实用功能与原始造型艺术完美结合的器物，展现了先民们在艺术创作上的巧思和技艺。该鼎周身光洁不加纹饰，粗大的鹰腿与宽厚的尾羽巧妙地分为三个支点，成鼎足之势。既强化了雄鹰固有的形神特征，又与陶器的工艺造型取得了和谐统一。

图1-12　鹰形陶鼎（公元前5000—公元前3000年，现藏于中国国家博物馆）

　　对于长期处于穴居环境的史前人类而言，房屋就像一个巨大的土制容器，因此居住空间的装饰也借鉴了陶器装饰的经验和技艺。经过火烧的"陶"相较于普通的泥土，更加光滑平整且坚固耐用，同时具有更好的防火和防潮性能。研究发现，在现存的新石器时代居住遗址中，许多室内空间的界面都经过了火的烘烤，实现了陶化处理，这不仅提升了居住空间的实用性，也增加了美感。郑韬凯的研究表明："先民对居室从地面、墙面到屋顶进行装饰的现象应该是普遍的。并且有点类似于他们对陶器的装饰。"

第三节　基本生活用具

一、编织物

　　在陶器中还发现了各种编织物的印痕，如北辛文化和兴隆洼文化等遗址中都出土了印有人字纹、十字纹的陶器，在周口店山顶洞人的遗址中发现了骨针，说明当时已有了最早的纺织技术。在河姆渡文化遗址中还发现了迄今为止最早的席，遗址中有数件席碎片，最大的一件有一平方米左右，其上纵横交错的纹理仍然清晰可见（图1-13）。该席位于房屋遗址西北处，席上有陶纺轮一件，席的旁边放置有陶鼎、豆、盆、杯等炊事器具。考古检测推测，这些席可能用芦苇茎秆编织而成，且几乎都发现于房屋遗址附近，应该是用来铺地或挂帘。可见在新石器时代晚期，席已经开始参与室内装饰。无论是地下穴居还是地面干阑式建筑，其居住内部空间均比较低矮。这些自然的编织物铺在地上不仅让坐卧更柔软舒服，而且具有良好的隔潮功能。

　　浙江吴兴县钱山漾的新石器遗址中还出土了大量竹编制品，其编织方法复杂多样，纹样有经纬纹、棋盘纹和格子纹等多种。此外，香蒲和马蔺等植物也是席的常用材料。原始编织和纺织技术为地面铺垫物的制作奠定了基础，这些编织物、动物皮毛和茅草枝叶成了"席"的前身。

图1-13　苇席残片（河姆渡遗址出土）

二、骨器

河姆渡文化遗址中出土了种类繁多的骨器，有耜（用于耕作）、镞（箭矢的一部分）、鱼镖（捕鱼工具）、哨（可能用于吹奏或发信号）、锥、匕（切割工具）、梭形器（纺织工具）、针（缝纫工具）和凿（木工工具）等。这些骨器被广泛应用于生产和生活领域。此外，还有用于装饰的精美物品，如笄（头饰）、管、坠、珠等。这些器物普遍磨制精细，雕刻花纹或鸟纹兽纹图案（图1-14），堪称精美的实用工艺品，显示了当时的精湛技艺，也展示了河姆渡人对自然形态的深刻观察和艺术表现能力。

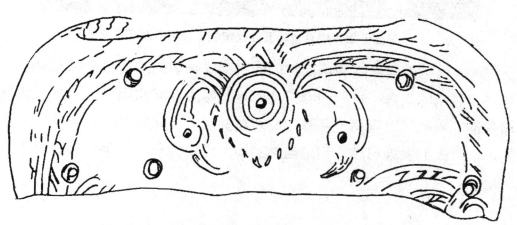

图1-14 新石器时代"双鸟朝阳"牙雕蝶形器及示意图（现藏于浙江省博物馆）

第四节 原始植物盆栽

　　史前人类亲近、依赖自然，并把大自然中分布最广泛、最富生命力的植物引入器皿装饰，例如将植物图案应用在器物纹饰上。在河姆渡遗址发现了两件刻有盆栽图案的陶器残块：五叶纹陶块和三叶纹陶块。其中，五叶纹陶块（图1-15）上刻有长方形花盆，内植一株疑似万年青的植物。这些植物盆栽陶块是我国乃至世界迄今为止发现最早、最接近盆栽形象的图案，可以看作盆景的原始雏形。

图 1-15　浙江余姚河姆渡遗址五叶纹陶块（现藏于浙江省博物馆）

　　史前人类依赖自然并利用自然创造了不同类型的穴居和干阑式建筑，同时创造了最初的陶器、骨器和编织草席等原始生活起居用品，这些为室内装饰与陈设的萌芽和发展奠定了基础。随着史前人类认知水平的发展和生产工艺的进步，人们发现自然、利用自然的能力逐步提升，对美好事物的追求也从未止步。

第二章　先秦时期室内装饰与陈设

　　夏朝的建立是中国历史上一个重要的转折点，它标志着中国从原始社会向阶级社会的转变。商、周是以宗法制为核心的奴隶制国家，有严格的君臣上下与尊卑长幼的等级规定与制度，通过这些庞大的礼仪制度体系来体现奴隶主贵族的地位与特权。夏、商、周时期的城市建筑是当时社会形态、政治结构、文化传统和经济生活的综合体现。

　　土、木、瓦、石是当时建筑的基本用材。这三个朝代的中心地区都位于湿陷性黄土地带，当时人们为了防止建筑地基湿陷，就地取材，采用夯土技术夯筑建筑的地基、台基和城墙等，夯土技术便成为当时建筑构筑的重要方法。在文明初始期的夏商宫殿遗址中，也都发现了"茅茨土阶"的建筑构筑形态，即用茅草覆盖屋顶遮风挡雨，以夯土作台基稳定坚固。此外，木构架建筑体系在这个阶段也已应用，如在召陈宫殿遗址中，因为木构斗拱的应用，使得3号基址的开间距离达到5.6米。同时，在凤维和召陈宫殿遗址中进一步用烧制的陶瓦覆盖屋顶。

　　建筑涂饰、彩绘、雕刻和壁画等装饰艺术的应用，既增强了建筑的实用功能，也体现了较高的艺术水平。根据古籍中的记载，商纣王的鹿台装饰极为奢华，宫墙文画、雕琢刻镂、锦绣被堂、金玉珍玮，揭示了当时宫廷生活的挥霍和室内装饰的奢华。殷墟出土的柱脚石雕像、春秋出土的"金缸"、战国出土的漆绘家具和有纹样的地面砖，不仅说明了当时的手工艺技术发展水平，而且也让我们得以窥见古代社会的文化风貌和生活习俗。与此同时，居室空间陈设艺术经过了漫长的孕育期之后，与社会经济文化共同发展与进步。

第一节　礼制空间中的席与屏

一、等级严明的建筑布局

以"礼义"为核心的先秦文化，在建筑选址、布局、空间划分、器物陈设与装饰纹样上都严格遵从"礼制"。宫室、宗庙是专门服务于最高统治阶层的生活礼仪用所。据《仪礼》记载，东周时期士大夫的居所已经形成"前堂后室"的格局雏形。前排房屋面阔三间，中央为进出的门道，两边为堂、室；后排房屋面阔五间，中间三间一般为起居与接待宾客的厅堂，两侧再分列较为私密的东堂、东夹和西堂、西夹，此排房屋后面连着的后室是寝室。堂作为接待宾客和举行仪式的场所，其位置和装饰往往比寝室更为讲究。而普通百姓的住所仍是原始的半穴居，人们在狭小原始的居住空间中维持基本的生存。

此外，由于生产力水平的提高，尽管到夏、商、周时期，房屋建造技术得到很大发展，但室内空间仍然普遍低矮。《周礼》中记载："周人明堂，度九尺之筵，东西九筵……"房高九尺换算后房屋高度还不足 2 米。浙江省博物馆藏有一件春秋时期的青铜房屋模型——春秋时期的伎乐铜屋（图 2-1），全屋通高 17 厘米，平面为长方形，面宽 13 厘米，进深 11.5 厘米，内部有六个乐俑跪坐。这件文物直观地展示了先秦时期居室内部的空间形象。

二、遵从礼制的席地起居

与建筑等级相适应的席地起居方式也遵守严格的礼仪规范。从夏、商、周一直到汉末时期，古人的居室生活始终以席为中心展开，"筵席"因而成为习惯席地而坐的先秦人最重要的陈设内容。"筵"是指铺设于地面底层的竹席，"席"是铺设于"筵"上面的竹、苇或草等的编织物（图 2-2）。在甲骨

图 2-1　伎乐铜屋·春秋（现藏于浙江省博物馆）

文及金文文字中，许多与起居生活相关的字均与席相关，如"宿"是人在屋子里躺在席子上面睡觉的形象，"坐"是人席地跪坐的形象，而"席"则是屋里有波形织纹的用来坐卧的垫子形象。在西周时期，席的使用更是渗透到了社会各个阶层的活动中。无论是王室贵族的重大礼仪活动，如朝觐、飨射（宴请射箭）、封侯、祭天、祭祖等，还是士人和普通百姓的婚丧嫁娶、讲学以及日常起居，席都是必备的物品。隆重的朝仪，士大夫须脱履脱袜，赤足登席。

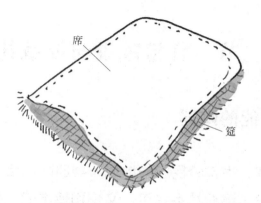

图 2-2　古人"筵"与"席"的结构示意图

　　筵席的设置有严格的长幼尊卑次序，席的材质、形制、花饰和边饰也因使用者的尊卑地位而不同。按照《礼记·礼器》的记载，"天子之席五重，诸侯之席三重，大夫再重。"可见，席的使用与身份密切相关。而在《周礼·春官》中，有专门负责铺席设几的职位——司几筵，他负责根据不同的场合、身份和地位来布置筵席和家具器皿。布席之礼有"单席为贵""联席有序""多重为贵""独坐为尊""正席而坐"等礼仪。坐席的朝向方位文化也有严格的礼仪规定。面南而坐是先秦时期权力的象征，帝王通常会坐北向南，以显示其圣明和权威。相对地，臣子则要坐南面北，即面对帝王、背对南方，以示对帝王的尊敬和忠诚。

三、象征王权的屏风陈设

　　在中国历史语境下，权力结构中的"位"与实践空间中的"位"往往共通，屏风就是将两者联系起来的文化符号之一。屏与席一样，在先秦礼制仪式中占据重要位置，是权力的象征。屏风的起源可以追溯到西周初期，当时称为"斧扆"，并作为一种帝王专用的陈设器具。"斧"指的是屏风上面斧头的纹理，象征着权威；而"扆"指的是屏风所放置的位置，通常位于帝王座位后方，起到隔断和保护的作用。《仪礼·觐礼第十》曾提到："天子设斧依与户牖之间，左右几。"在古代帝王出席的大型礼仪场合中，天子立于屏风之前，面向群臣，塑造出一种庄重、肃穆的仪式感。屏风是当时礼仪政治活动的必设之物。

第二节　日常陈设与权威礼器

一、注重实用功能的陶器

　　无论贵贱与贫富，也不分民族与地域，器皿陈设自古以来就是人们生活中不可或缺的一部分。随着社会经济、文化和技术的不断进步，器皿陈设的种类和方式也逐渐发生变化。到春秋战国时期，从之前的偶发性和零散性布置，转变为更加系统化和规范化的陈设。总体而言，在先秦时期，陶器因其较强的实用性在室内陈设中占据了重要的位置，尤其在普通百姓的生活中。

　　商周时期，制陶手工艺快速发展，制陶业在当时是一个独立且重要的手工业部门。不仅陶器品种较前朝增多，有精致的白陶、细腻的灰陶和鲜艳的红陶等，同时还诞生了印纹陶和原始瓷器。灰陶在日常生活中使用最多，其表面有的为素面无装饰，有的刻有简单的绳纹或篮纹，还有的彩绘各种复杂图案，用于特殊场合或作为礼器。这一时期的陶器造型多样，主要以饮食器皿为主，包括豆（一种盛食器）（图 2-3）、鼎（三足或两足的烹饪容器）、釜（圆底锅）、鬲（三足锅）（图 2-4）和壶（一种酒器）（图 2-5）等。这些器物的形状和功能反映了当时的饮食习惯和社会礼仪。这一时期的白陶器，胎质洁白细腻，器表刻有饕餮纹、夔龙纹、云雷纹和蝉纹等各种精美图案。从某些白陶器的形制和器表装饰看，显然是在仿制同时期的青铜礼器。白陶刻饕餮纹双系壶壶口微内收，下腹饱满，通体雕刻饕餮纹，图案清晰，雕刻技法娴熟（图 2-6）。白陶烧制经验的积累推动了后来瓷器的产生与发展（图 2-7）。

图 2-3　黑衣深腹陶豆·商（现藏于漳州市博物馆）

图 2-4　灰陶鬲·西周（现藏于新野县博物馆）

图 2-5　印云雷纹硬陶鬶（guī）形壶·商（现藏于福建博物院）

图 2-6　白陶刻饕餮纹双系壶·商（现藏于故宫博物院）

图 2-7　原始瓷青釉四系洗·战国（现藏于故宫博物院）

二、走上神坛的青铜礼器

青铜礼器脱胎于礼仪陶器，是在成系列的陶制礼器的基础上发展而来的。商周时期创造了灿烂夺目的青铜文化，从出土的大量青铜文物中可以窥见当时高超的铸造技艺，并且许多青铜器出现了后世家具品种的雏形。与陶器相比，青铜器的制作不仅有更复杂的工艺和技术，还需要调动更多的人力和物力资源。神秘的图案、夸张的体量、稀有的材料和高超的技艺，使得青铜器常常作为权力和社会地位的象征，主要服务于贵族阶层，同时也成为礼仪和宗教信仰的重要载体。

（一）铜俎

俎是古代祭祀或设宴时放置祭品的礼器，也是用于切肉的案子，属于置物类家具，是几、案和桌等家具的雏形。从历史记载来看，在等级森严的商周时期，天子和贵族公卿大夫之家使用了大量的俎，它们大多对称规整、装饰华美且制作精良，饕餮纹和云雷纹等对称装饰突显了其庄重、威严和神秘的艺术特点。如商代青铜饕餮蝉纹俎（图 2-8），其造型雄浑、稳重，俎面狭长，两边翘起并在侧面装饰饕餮纹，在俎面上装饰蝉纹，俎面翘起部位饰有夔龙纹。这种板足俎就是后世桌案类家具的雏形。在辽宁义县出土的西周青铜壶门双铃俎（图2-9），俎面为长方形，其长方形俎面中部下凹呈浅盘形，下为倒凹字形板足，中间有壶门装饰，板足空当两端有扁形铜铃。

图 2-8　青铜饕餮蝉纹俎·商

图 2-9　青铜壶门双铃俎·西周（现藏于辽宁省博物馆）

在不同历史时期，俎的样式与称呼都有所不同。北宋聂崇义《三礼图》中编绘了四代礼俎的形制结构特征（图2-10）。俎在有虞氏时称为"梡俎"，其结构简单，由俎面与四条垂直腿组成。夏朝的嶡俎与梡俎形制基本相同，只是在两侧足间加一横木，因而比椀俎更牢固。殷商时期的棋俎四条腿向外斜撑，似乎也是为了增强俎的强度与稳定性。周代的房俎四足弯曲，且将侧足间横木移至足下，使四足不直接着地，而是落于横木之上，类似于后世案足下的托泥。

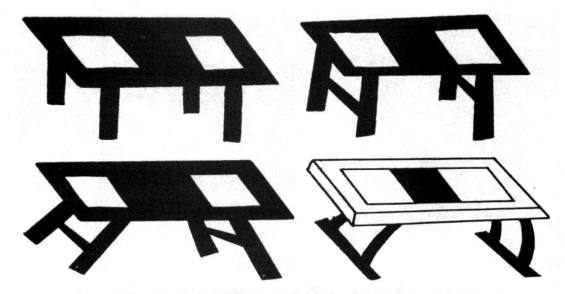

图 2-10 《三礼图》中编绘的四代礼俎形制结构示意图

从以上四代俎的结构衍变过程可以看出，随着时代发展，俎作为礼器的功能变化不大，但构件越来越多，也越来越复杂，造型越来越优美，这也是其他家具的发展演变规律。

（二）铜禁

同样与俎作为礼器承具的是禁。禁为中国古代贵族在祭祀、宴飨时用来放置食物与酒器的承器。天津历史博物馆收藏的西周初年夔纹青铜禁（图 2-11）是至今中国出土的铜禁中最大的一件。该禁为扁平长方体形，前后壁和左右壁均有长方形孔洞，四周雕饰夔纹和龙纹，中空无底。

出土于陕西宝鸡斗鸡台的青铜柉禁（图 2-12）与之形制相似，四周雕饰夔纹和蝉纹，器上尚存放置其他器物留下的痕迹。这两件铜禁造型整体像一个箱子，是后世箱、橱、柜的雏形。

图 2-11　夔纹青铜禁·西周（现藏于天津历史博物馆）

图 2-12　青铜柉禁·西周（现藏于美国纽约大都会艺术博物馆）

（三）铜案

除了上述的俎和禁外，到了商代中晚期以后，由于冶铜技术和翻模铸造工艺的提高，家具的种类及造型特点开始发生变化。几、案就是在这一时期从俎中演变而来的家具新品种。

案与俎两者结构相同，都是由案面和腿足组成。如在云南腾冲出土的战国时期错金银四龙四凤铜方案（图2-13），底部是两雄两雌跪卧的梅花鹿，四龙四凤组成案身。该铜案采用铸造、錾刻、焊接和镶嵌等复杂的工艺制作而成，灵巧精致，展现出极高的技艺水平。

图 2-13　错金银四龙四凤铜方案·战国（现藏于河北省博物馆）

家具作为人们日常生活的重要组成部分，其发展和变化总是与同时代的居住环境和器物发展水平相协调。青铜家具的出现和发展是当时灿烂文化的标志，它们不仅展示了当时的技术和艺术成就，还反映了社会的繁荣和文明的进步。

第三节　漆木家具的使用

青铜器在战国时期之前，一直都是王公贵族权力与地位的象征。但随着礼制逐渐削弱，人们的思想逐步变得活跃，新的审美标准开始产生，器物陈设的实用性受到更多的重视。冶金技术和炼铁技术等的改进发展，使得锯、斧和铲等工具相继出现，生产力的不断提高也推动着手工业的发展，家具制作技术也实现了质的飞跃。再加上许多像鲁班这样技术高超的工匠的出现，古代家具的制作迎来新的发展。其中漆木家具及其他漆木陈设物的发展尤为迅速。漆俎在一些战国楚墓中一次出土就多达几十件。当时的漆木家具色彩对比鲜明，主要以黑色和红色为底，配以黄、棕等颜色，四周再绘制或雕刻不同图案纹样，简洁精致又不失华美（图 2-14 至图 2-20）。除了木胎，漆器胎骨还有竹胎、皮胎和夹纻胎等，而且常跟雕刻工艺结合，既反映现实生活，也描绘了浓厚的神秘浪漫气氛，非常生动。从这些出土实物可知，从商朝到战国时期的家具，均为与"席地跪坐"相适应的矮足家具。

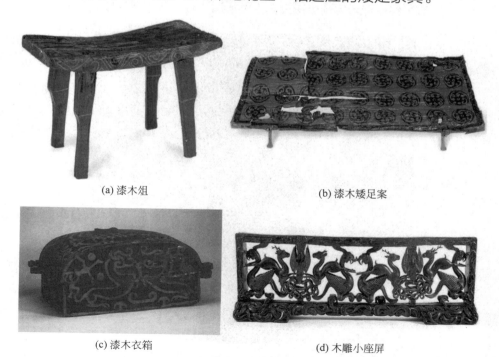

(a) 漆木俎　　　　　　　　　　　(b) 漆木矮足案

(c) 漆木衣箱　　　　　　　　　　(d) 木雕小座屏

图 2-14　漆木家具·战国（现藏于湖北省博物馆）

图 2-15　车马出行图漆奁盒·战国（现藏于湖北省博物馆）

图 2-16　漆木彩绘猪形酒具盒·战国（现藏于荆州博物馆）

图 2-17　龙形漆豆·战国（现藏于湖北省博物馆）

图 2-18 漆木彩绘蟾座凤鸟羽人·战国（现藏于荆州博物馆）

图 2-19 漆木彩绘虎座鸟架鼓·战国（现藏于湖北省博物馆）

图 2-20　木雕双龙首镇墓兽·战国（现藏于荆州博物馆）

商周时期家具的造型和装饰，从侧面既反映出奴隶制神权、族权和政权的统一，又反映出奴隶社会的等级差别和宗法制度的森严。在浑厚有力、庄重大方的俎、禁、案和屏等家具上，饰以饕餮纹、夔龙纹、云雷纹、蝉纹等装饰纹样，显得协调统一，充分显示了中华民族祖先们的聪明才智。总体而言，这一时期的家具造型具有雄壮敦实、浑厚有力、规整威严、庄重大方的特点。

第四节　植物装饰艺术

植物象征着生长与繁衍，在古代被赋予神化的力量。三星堆遗址中出土的 6 株青铜神树（图 2-21），是先民们原始宗教崇拜的神物。神树铸于"神山之巅"的正中，卓然挺拔，树高 396 厘米，树枝残高 359 厘米，底座直径

93.5 厘米，有直接天宇之势。到了殷周时期，先民们又进一步把许多象征吉祥的凤鸟和花卉图案印织在织物皮革上，寓意美好吉祥。此外，古人在对植物形态特征、观赏特性、生态习性、实用功能和四季物候进行观察总结的过程中，开始赋予植物一定的文化特性，形成了许多约定俗成、富有吉祥寓意的植物。这些植物深受人们喜爱，被广泛应用于居室生活之中。

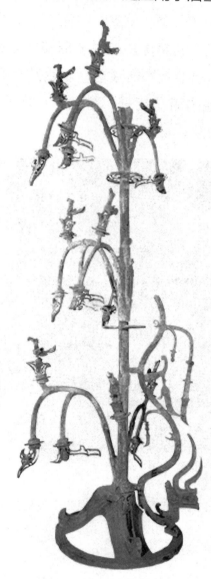

图 2-21　青铜神树·商（现藏于广汉三星堆博物馆）

　　《诗经》和《楚辞》中有许多与植物相关的诗句，从中可以看出折枝花这种切花形式已经相当普遍，人们采集植物装扮自己或者赠送他人，抑或装饰屋梁、船头或者木车，祭祀神明等。《楚辞——九歌·湘夫人》中描绘了用芬芳的花草全面装饰屋宇的场景，房屋用荷花的叶子覆盖，墙壁由香草制成，庭院里播撒着香料，都是以花草植物为媒介浪漫地表达热切的情感。

西周时期，人们开始把自然风景作为品赏、游观的对象，重视保护山林川泽，正是这种对自然的认识影响了早期中国古典园林的自然观。宝鸡青铜器博物院所藏四十三年逨鼎（图 2-22）中铭文记载了周宣王奖赏逨治理林泽，供应王室山泽物产有功的事件。该时期植物成为造园要素，人们在宫苑中经营位置，结合自然山水地貌构筑建筑，观赏花草树木。《楚辞·招魂》中有描绘坐在堂内欣赏水池内荷花初开、荇菜铺在水面上的场景，场面惬意，可以看出室内外空间的和谐。

图 2-22　四十三年逨鼎·西周（现藏于宝鸡青铜器博物院）

第三章　秦汉时期室内装饰与陈设

　　秦汉时期从公元前221年秦灭六国，到220年曹丕逼迫汉献帝禅让，东汉灭亡为止，共跨越了400余年的历史，是中国历史上大一统的时代。这一时期，军事、经济、文化、艺术都发展迅猛，高度繁荣，呈现出了秦汉帝国的泱泱雄风。这个时期建筑的木架结构进一步发展，出现了抬梁、穿斗、干阑和井干等多种结构形式的建筑。建筑的高度和跨度也随之扩大，因而可以构筑更加宽敞和连续的内部空间。与此同时，经济和技术的发展促使手工业进一步细分，家具、陶瓷器、青铜器、画像石、玉器、金银器和漆器等工艺都在快速地发展。从西汉中期开始，王宫贵族和富裕家庭会通过举行盛大的葬礼和建造豪华的墓穴来展示其财富和地位。从发掘的墓室壁画、画像石、画像砖和其他遗址文物中可以看出，当时的人们普遍持有灵魂不灭的观念，认为死后的生活与现世相似，因此墓葬装饰陈设极力模仿和还原生前的生活情景。这反映了当时的等级制度以及人们对美、社会地位、宗教和文化传承等多方面的追求。

第一节　空间布局与装饰

一、居住空间布局的成形

秦汉时期的住宅建筑没有留下实物遗迹，但是大量的汉代画像砖、画像石以及陶制明器模型，为后人提供了宝贵的资料。

从商朝到春秋战国时期，只有尊贵的王公贵胄才能营建宏伟的院落式建筑。后来这种建筑形式开始向社会中上层发展，许多官僚和富户也拥有规模较大的府邸。这些府邸在功能上不仅涵盖了厅堂、内室以及用于宴饮、储藏的场所，还包含厨房、厕所、车库和马棚等辅助空间。而贫穷百姓的住所通常是简陋的小茅屋或者土坯房等，阶层间的住宅条件差异巨大。

东汉时期成都出土的一块画像砖（图 3-1），生动地描绘了一座大型庄园

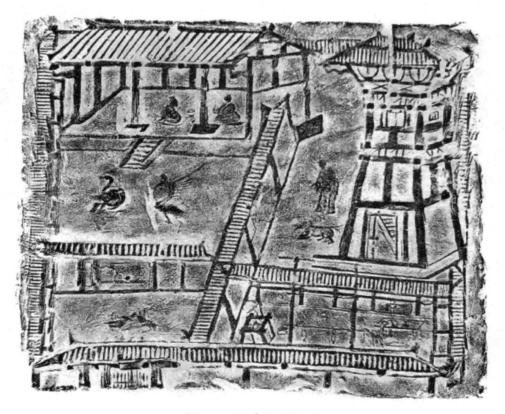

图 3-1　汉庭院画像砖

的建筑状况和生活情景。画面中通过围墙分隔出左右两部分，左侧为会客居住的院落主体，右侧为附属性服务区域。左侧主院又由回廊组成前后两院。前院较小，前廊设栅栏式大门，后廊正中开中门，后院颇宽大，内有一座面阔三间的悬山顶房屋，屋内有二人席地对坐攀谈，应该是堂屋。右侧附属服务区域也通过回廊连接前院和后院。

秦汉时期，尽管许多平民百姓仍居住在较为简陋的茅舍中，但一些生活富足家庭的住宅已脱离单体建筑走向院落式结构。从考古出土的明器中，我们能看到这些住宅通常遵循"一堂两内"或"一堂二室"的格局，其中间的厅堂是会客招待的主要场所，而"二室"则分布在厅堂的两侧或后方（图3-2）。

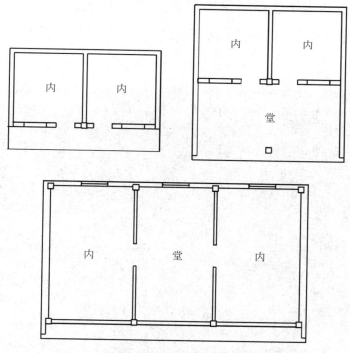

图 3-2　秦汉时期平民住宅平面布局示意图

二、室内空间界面的装饰

早在新石器时代，史前人类就发现经过烘烤的地面和墙壁更加坚硬平整，因而更适宜居住。从夏商周至秦汉，人们在加强建筑的外部构造的同时，对室内空间界面装饰的技术和艺术审美也有显著提升，界面装饰材料也日趋丰富。

（一）地面铺装

秦砖在历史上久负盛名，因其胎质细腻，质地坚硬，与瓦当一起被誉为"秦砖汉瓦"。考古研究发现砖在秦汉时期主要被用于地面和墙面铺装，特别是在帝王将相的宫殿府衙等象征权力地位的建筑中。相较于前代，当时砖瓦烧制的质量和数量都显著提升，砖块的比例和尺寸也有了统一的形制规定，这不仅增强了砖块的通用流通性，也保证了空间界面铺装的平整性和美观性。

汉代建筑及装饰用砖通常是长方形，通体颜色呈灰色或浅灰色，表面素面或有花纹（图3-3）。花纹方砖的主要纹饰有几何纹、方格纹、绳纹和米字纹等。

图 3-3　太阳纹长方形砖（现藏于咸阳博物院）

秦都咸阳宫殿遗址还出土了许多空心砖，有几何纹、龙纹、凤纹和龙凤纹等（图3-4和图3-5）。这些空心砖内部中空，省料易烧，有防潮、隔音之功能，主要用于大型宫殿和陵寝。其使用时间从西周一直延续到东汉中期。如图所示龙纹空心砖和水神骑凤纹空心砖，浑厚朴实，画面内容丰富。整个砖面纹饰由细线阴刻而成，线条流畅，布局巧妙，具有极高的艺术价值，是秦人思想意识和艺术风格的具体体现。

图 3-4 龙纹空心砖（现藏于咸阳博物院）

图 3-5 水神骑凤纹空心砖（现藏于咸阳博物院）

除了铺设地砖以外，当时的地面铺装还有另外两种常用做法。第一种是先在原始夯土地面上抹泥灰找平，然后铺盖细砂泥，较讲究的场所地面还会刷朱漆。这种做法不仅使地面颜色鲜艳，而且增加了地面的耐用性和防潮性。第二种是使用石料加工成方砖的地面做法，这种方法多用于宫殿的走廊以及露天的祭坛等。这种以石代砖的方式，显示了当时建筑工艺的精湛和对耐久性的追求。

（二）立面装饰

我国古代以木构建筑为主，为了保护木材免受日晒雨淋，古人很早以前就知道用油漆涂刷房屋。从战国时期开始，封建帝王的宫殿建筑无不涂漆画影，以示华丽，可见中国古建筑讲究色彩美丽。班固在《西都赋》中描写当时皇家宫殿建筑"屋不呈材，墙不露形"，意思是，通过外部装饰将建筑的支撑结构和原始墙体隐藏。

根据考古研究和古籍记载，汉代室内墙壁常采用涂白灰、壁画、漆画、浮雕石刻和壁挂织物等进行装饰。

白灰墙面的基本做法是先在墙体表面涂抹一层或多层粗泥进行打底找平，待其稍干后，再抹上细腻的白灰浆。这种白灰浆通常由石灰石烧制而成的生石灰与水反应成熟石灰，再掺入细砂、麻刀等材料制成。制成的白灰浆具有良好的覆盖力和附着性，干燥后墙面呈现出自然的白色，不仅增加了室内的亮度，也使墙面更加平滑细腻，为后来的彩绘和贴金等装饰提供了良好的基层。此外，还有一种具有特殊功效的墙壁装饰方法，即在墙壁和地面涂抹一种添加了花椒粉的细泥，这种做法不仅能有效地驱除虫蚊，而且寓意美好（花椒多籽，寓意多子多福）。

有的墙壁装饰更是结合五行方位，将墙壁装饰为赤、青、黄、白、黑等色彩。对于更加讲究的室内装饰，人们会在白灰墙面和石壁上进行绘画或雕刻，创作出各种图案和形象的壁画，这些装饰方式在墓葬中更为常见。

秦汉时期墓葬壁画一般描绘当时人们的生活场景、历史故事、神话传说以及各种动植物形象，例如宴乐、车骑仪仗、楼阁宅院、杂技斗鸡、狩猎和农耕等场景，以及龙、凤、鹿、祥云流星等吉祥图案（图 3-6 和图 3-7）。四神云气图壁画长 5.14 米，宽 3.27 米，面积 16.8 平方米。该壁画中部绘一条巨龙，龙身上部有朱雀尖喙衔龙角，身下有白虎作跨步行进状。还有一条小龙，作向上游动状。周边有数组飘浮的彩云。此壁画尺寸宏大、文化内涵丰富、绘画艺术高超，疑为宫廷画师绘制的精美天顶壁画。

图 3-6　四神云气图·西汉河南永城芒砀山柿园墓壁画

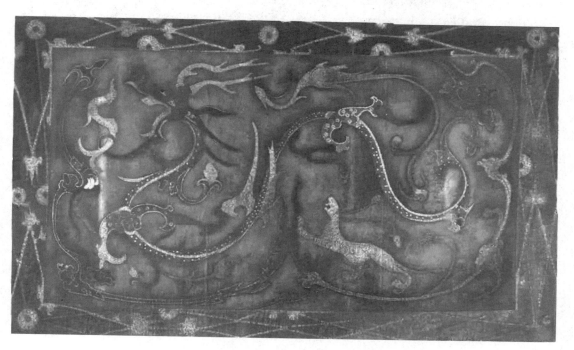

图 3-7　凤凰楼阁百戏图·辽阳汉魏墓壁画

　　画像砖和画像石也是汉代特别流行的一种建筑装饰材料，常用于墓葬的建造和装饰。画像砖和画像石上雕刻有各种图案，如云纹、几何图案、动植物形象、宗教神话以及人物故事等，它们不仅具有装饰功能，还反映了人们对死后世界的祈祷和希望（图3-8）。

图 3-8　歌舞宴乐画像砖拓片·东汉（现藏于成都博物馆）

　　由于当时的建筑多为木结构，顶棚装饰通常与木构建筑的特点相结合，采用彩绘、木雕、悬挂织物等工艺来装饰。秦汉时期的立面装饰丰富多彩，不仅增添了建筑的美感，也是古代工匠们高超技艺的体现。通过对这些装饰的研究，我们可以更深入地理解秦汉时期人们的社会生活、审美趣味和技术水平。

第二节　空间组织与分隔

一、帷帐

从春秋战国到秦汉时期，帷帐的使用越来越广泛，华丽的帷帐是当时王公贵族的殿堂宫室中的重要陈设，也是统治阶级豪奢生活的主要象征之一。作为自由灵活空间的组织者，帷幔与帐幄都是以织物为主要材料，对空间进行围合、分隔。

帷幔与建筑结合得非常紧密，在古代室内营造活动中扮演着重要角色。汉代的宫室布局一般是"前堂后室"，殿堂前部开敞，只有楹柱而无檐墙，为了遮风避雨、调节阴阳，常常在建筑外檐下悬挂帷幔。帷幔的颜色和材质也可以根据季节和场合的不同而更换，以适应不同的气候条件和礼仪要求。将帷幔挂于室内木结构梁枋之下、窗门之上，也能起到装饰美化、分隔空间、防寒保暖的作用。在汉代画像石、画像砖和墓室壁画中，居室内部尤其是殿堂内部墙壁四周皆以华丽的织物围合。比如从河南新密市打虎亭汉墓的巨幅壁画《宴饮百戏图》（图 3-9）中，我们可以清晰地看到宴会大厅上帷幔高垂、富丽堂皇。两侧各设一列宾客席，人们席地而坐，前面都摆放有低矮的食案，案上放着食物。主人和宾客一边欣赏舞蹈，一边饮酒。这幅壁画也向我们展示了当时分食制的场面。

秦汉时期，建筑物的门窗一般只是门洞或窗洞，即使有窗棂，也没有纸或玻璃遮挡。为防止风寒，王宫贵族在宅第的厅堂中往往设置一种帐幄，其造型类似四面式小屋（图 3-10）。与帷幔不同，帐幄拥有相对独立的帐构支撑构件，而不用张设在原有建筑结构上，从而可以围合成较为私密和自由的小空间。帐幄的帐杆多为铜制或木制，拐角处常用铜质构建连接，我国多处汉墓遗址均出土有这种铜帐构。帐与幄的形态借鉴了我国传统建筑的外观造型，如帐幄的顶部类似于四阿或攒尖屋顶样式，周围帷幔的悬挂样式也与建筑相似。

图 3-9 《宴饮百戏图》（局部 1，现藏于河南新密市打虎亭汉墓博物馆）

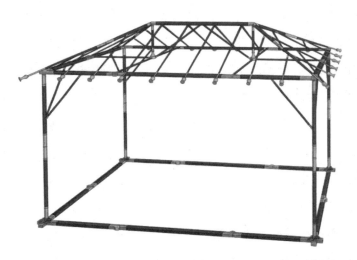

图 3-10 西汉中山靖王刘胜墓帐幄构架复原示意图

帐幄一般与席和床榻组合使用，称为"坐帐"。例如，在河南密县打虎亭汉墓的壁画（图 3-11）和洛阳朱村的东汉墓室壁画（图 3-12）中，都呈现了幄帐宴饮的情景。墓主人坐于帐内床榻之上，帐前摆放食案，地面上散置盛酒器等餐饮器皿，而宾客和侍从则分列两侧。由此可见，帐幄在上层阶级的会客、宴饮和传道等场合中常见，它是当时居室陈设的中心，为席地而坐的起居生活围合出一个舒适、安全又方便的空间。

图 3-11 《宴饮百戏图》(局部 2，现藏于河南新密市打虎亭汉墓博物馆)

图 3-12 洛阳朱村墓壁画中的《夫妇宴饮图》·东汉

二、屏风

屏风作为古代室内装饰陈设的重要元素，在每个时代都有其独特的风格和特征。屏风因其便于安放、移动和撤除，经常用来临时组织空间，如起居、会客和宴饮等。王侯权贵为显示他们的地位权势，常在室内设屏风以障之，再辅以家具组群配置来渲染气氛。秦汉时期的屏风多以漆木材质为主，形制主要分为三类，围屏、座屏和榻屏。

围屏可单独围合空间。南越王墓出土的漆木折屏（图3-13），总宽度为3米，高约1.8米（不含顶饰），翼屏与正屏的两端以铜构件相连。左右翼屏还可以根据空间围合需要进行180°的开合，可屈可直，结构复杂又轻巧灵活。

图3-13　西汉南越国时期漆木屏风（复原件）（现藏于南越王博物院）

座屏一般为单扇带底座的独立板屏，呈四方形或长方形，置于座席或床榻后做背景。云龙纹彩漆座屏（图3-14）由湖南长沙马王堆汉墓出土，座屏为长方形，屏板下有一对足座加以承托，屏板正面红漆底，绘有一条巨龙穿梭在云层里，龙身绿色，边框饰朱色菱形图案。由于秦汉时期的席与坐榻均较低矮，与其相配的屏风也通常比较低矮。汉代还出现了一种榻与屏结合的新型可倚靠的屏风——榻屏（图3-15）。榻屏形制是在大榻背后和侧面设置"宬"与"屏"，合称"屏宬"，在榻后安置的屏风，除挡风功能外，还可供人倚靠，叫作"宬"。可倚靠的榻屏通常材料坚实，用木板制成。

图 3-14　云龙纹彩漆座屏·西汉

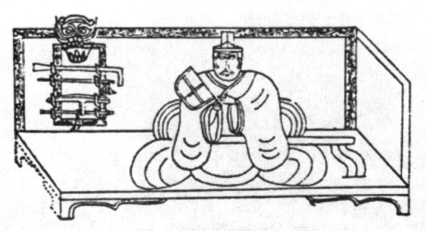

图 3-15　东汉辽阳棒台子墓壁画中的榻屏示意图

屏风不仅具有实用性，还具有很高的艺术价值。它的表面可彩绘或雕刻各种精美图案，如山水、花鸟、人物故事等。这些图案和装饰既突出了主人的地位，也反映出主人的审美品位和文化素养。

第三节　低矮的家具陈设

一、低矮的坐具与卧具

随着经济技术的发展和生活实用需求的变化，秦汉居室陈设在席的基础上发展出一系列低型家具，这使得空间布局的层次更加丰富。过去"以席为中心"的布局传统在汉代逐渐发展为"以床榻为中心"。

汉代的坐具主要有榻、枰（píng）和床。《通俗文》中有记载："床三尺五曰榻，板独坐曰枰，八尺曰床。"由此可以看出，榻、枰和床是相似的，只是尺寸不同。按今天的尺寸折合，则榻约长 84 厘米，床约长 192 厘米。枰为小坐具，比较矮，平面方形，四周不起沿，大小与食案相近，仅供一人坐。榻一般不能卧，可两人合坐，但以独坐为尊。比榻大的为床，床可坐可卧。床和榻均可移至户外，用于休憩、会客和宴饮等。在东汉墓室壁画《夫妇宴饮图》（图 3-16）中，一对夫妇合坐于一张榻上，榻后立有一个 L 形屏风，榻前摆放着一张漆木长案，案上置放着一套餐具。类似的宴饮场景在当时的画像砖和墓室壁画中经常出现。

图 3-16　东汉洛阳唐宫中路墓壁画《夫妇宴饮图》（王绣摹绘）

榻、枰、床及居室地面上往往铺设草席。席根据材料和编织的方式有粗、细之分。铺席时，粗席铺在底下，细席铺在上层。延续先秦时的礼制传统，汉代重视坐席的层数，以坐席层叠的多少表示身份的高低。身份显贵之人多坐重席，而居丧者与囚徒则不能坐席。在一块东汉画像砖（图 3-17）上，一位儒者居左坐于榻上，上方有遮挡灰尘的"承尘"，六位学生席地而坐，手捧竹简，或凝神静听，或答疑问难。

图 3-17　东汉画像砖《传经讲学图》中的坐席与榻（现藏于重庆三峡博物馆）

二、凭具与承具

家具的形态应适应人们的生活起居习惯。为满足席地而坐的行为方式，当时的几案类家具均较为低矮。

（一）几

席地起居时代，当人们长时间处于跪坐姿势时，腰腿部位容易疲劳，而倚靠在凭几上可以有效缓解疲劳。除了实用价值，凭几也可以通过造型、材质、装饰以及陈设数量的不同反映使用者的身份等级（图 3-18）。由于凭几能够被宽松的服饰所隐藏，因而又被称作隐几。

图 3-18　黑漆凭几·西汉（现藏于安吉县博物馆）

（二）案

案是带有腿足的托盘，造型有长方形、圆形和异形等多种样式。汉代时各种案依据用途可分为食案、书案、奏案、香案和供案等，以食案最为常见。食案大多形体较小且轻，史书中常有对食案的记载。著名典故"举案齐眉"描述的就是东汉梁鸿与孟光夫妻相敬如宾的场面（图 3-19）。

图 3-19　《高士图》局部·南唐卫贤（现藏于故宫博物院）

在河南洛阳朱村的东汉墓室壁画《夫妇宴饮图》（图3-12）中，墓主夫妇坐于帐内，帐前置一张漆木大案，案面上摆放着多个漆耳杯及一个放有后灯和砚台的小书案。

湖南省马王堆辛追墓出土的食案上放置有五个盛放食物的漆盘，一个漆耳杯和一双竹筷，模仿墓主人生前进食的场景（图3-20）。汉代的书案与专用的食案不同，食案往往在边沿做出高于面心的拦水线。而书案不但案面平整，且案足宽大，并做成弧形。

图3-20　云纹漆案和餐具·西汉（现藏于湖南省博物馆）

（三）其他陈设品

考古发掘的汉代墓室陈设反映了当时厚葬之风盛行。除了床、榻、屏风、几、案外，汉墓中还出土了大量汉代的灯具和陶器等陈设品，品种繁多，工艺水平极高（图3-21和图3-22）。最具代表的便是涂金青铜釭灯——长信宫灯（图3-23）。整座灯由六部分组成，优雅的侍女是灯的一部分，她高举的右臂形成烟道，燃烧的烟尘由中空的身体导出，灯盘的手柄可以调节照射方向和光的明暗。山西省朔州市汉墓出土的彩绘雁鱼青铜釭灯（图3-24）和江苏甘泉广陵王刘荆墓出土的错银牛形铜釭灯（图3-25）也是其中的代表。

图 3-21　西汉博山炉

图 3-22　漆绪银盘

此外，当时脚踏式织机已开始普及，染料来源也更加广泛，于是织锦艺术开始繁荣。汉代漆器在春秋战国漆器的基础上得到了进一步的发展，无论原料品质还是漆器工艺都达到一个新的顶峰，不仅数量大、种类多，纹饰图案也线条流畅、变化多端（图3-26至图3-31）。

图 3-23　长信宫灯

图 3-24　彩绘雁鱼青铜缸灯

图 3-25　错银牛形铜缸灯

图 3-26　线条流畅、色彩丰富的髹漆云气纹·汉

图 3-27　双层九子漆奁·西汉（现藏于湖南省博物馆）

图 3-28　彩绘龙纹漆耳杯·西汉（现藏于上海博物馆）

图 3-29 双层长方漆奁·西汉（现藏于湖南省博物馆藏）

图 3-30 剔犀云纹圆盒（公元前 206—公元 280 年，现藏于上海博物馆）

图 3-31 黑地彩绘棺·西汉（现藏于湖南省博物馆）

第四节　插花、盆景与造园

秦汉时期，花卉植物成为赠友、求偶、祭祀和仪容装饰的重要媒介，人们在欣赏花的形态、颜色和香气的同时，更重视花所象征的道德品质，以此来寓意或比拟人的品性。人们寄情自然，希望将自然之美带入居室，融入日常生活，同时开始通过器皿插花的形式将这种美好留存。

新疆民丰县尼雅遗址出土的东汉时期刺绣品花边上绣有像盘插郁金香花枝的图案，说明此时期的人们不仅将花卉之美注入心田，而且移居厅堂或墓室，或为装饰或表达情思。

此外，佛教的引入促进了我国插花艺术的进步和发展。插花供养是一项重要的佛教仪式。在《修行本起经》中，佛放光明使花瓶变为琉璃，内外皆可见，这象征着佛法的透彻和无所不照，也说明容器水养插花形式的出现。

容器插花的出现使居室中布置植物装饰更为方便，更多植物搭配不同的容器进入居室，人们贴近植物，贴近自然的形式更为丰富。东晋人编写的笔记小说《汉孝惠张皇后外传》中记载："后于宫中杂植梅、兰、桂、菊、芍药、芙蓉之属，躬自浇灌，每诸花秀发，罗致左右，异香满室。"描述了汉惠帝的皇后种花、赏花之事。

汉代，受神仙思想与壶中天地思想影响，人们营造宫苑时把广阔大自然中的景物限制和浓缩在一定空间内，同时，热衷于把自然景观进一步缩小到一个容器中。《西京杂记》记载"淮南王好方士。方士皆以术见。遂有画地成江河。撮土为山岩。嘘吸为寒暑。喷嗽为雨雾。"史书记载的"东汉费长房能集各地山川、鸟兽、人物、亭台楼阁、帆船舟车、树木河流于一缶，世人誉为缩地之方"即所谓盆景。从描述中得知，盆景已不再是原始的盆栽形式，它已经成了盆栽基础上脱胎而出的艺术盆景。从河北省望都县出土的东汉墓室壁画（图 3-32）中可以看到最早的盆栽陈设，画面中一个方形几架上置放了一个花盆，盆中插有六枝红花，这应该就是早期盆景的雏形。

图 3-32　河北望都东汉墓室壁画中的盆景雏形示意图

随着秦汉大一统国家的建立，国力的强盛促进了园林的发展。在神仙传说和比德思想的影响下，模拟自然堆山理水成为造园趋势。上林苑这座皇家苑囿蔓延在山林绿野之中，并广植各类奇花异木。据考证，上林苑内种植植物 2000 多种，在园林造景、植物引种等方面开创了先河。社会中产阶级的庭院中也有园圃，蜀郡王子渊的后宅中有园，园中"种植桃、李、梨、柿、柘、桑，三丈一树，八尺为行。果类相从，纵横相当"。植物广泛布置于人们的居住空间，户户有树，花木承辉。

第四章　魏晋南北朝时期室内装饰与陈设

　　从东汉末年到隋朝的建立，这段历史时期充满了政治变革、民族迁徙与社会动荡。这期间，有魏、蜀、吴的三国鼎立，有两晋与十六国的分裂，有宋、齐、梁、陈与北魏、东魏、西魏、北齐、北周的对峙。这一战乱分裂时期造成了破坏衰退的同时，也促进了各地区、各民族文化艺术的碰撞与融合。各区域文化因人口大迁移而相互影响，汉族传统文化依然保持着生机与活力，少数民族文化为传统文化注入了新鲜血液。这使得当时的社会生活和礼仪文化发生了很大变化，尤其席地起居的传统生活方式被打破，逐渐向垂足而坐的方式转变。

第一节　空间界面装饰

　　魏晋南北朝时期，战乱频繁，政治分裂，社会动荡。此时的建筑风格和构造技术基本沿袭了秦汉时期的特点，宫殿和大型住宅建筑仍然以土木混合结构为主。但这个时期的室内装饰处理方式更丰富，既体现了中国古代文化的精髓，又受到西域和佛教文化的影响，展现出独特的时代特点。

　　墙壁刷白、木构刷朱，也就是"朱柱素壁"或"白壁丹楹"，是魏晋南北朝时期室内墙柱装饰的常见做法，也是我国建筑装饰极其悠久的一个传统。木质元素被广泛应用于立面装饰，例如木雕、木饰面和木质屏风等。在宫廷较奢华的建筑中，更是出现了以柏木板装饰墙壁的手法，并在其他一些如楹、梁、柱等细节部分采用雕刻及镶金的方式来增加装饰效果。

　　此外，壁画和画像砖等延续秦汉时期的传统，也是当时殿堂庙宇等重要建筑和墓室墙面常用的装饰方法（图4-1）。一方面，这个时期的壁画题材非常广泛，涵盖神仙异兽、桑蚕农耕、出行射猎、宴饮起居、百戏娱乐、服饰车舆、建筑居所等多种题材，尤其是佛教题材的内容占据了重要地位。另一方面，其艺术风格活泼鲜明、构图巧妙生动、线条奔放飞动，既有传统的中国绘画风格，也受到了外来文化特别是佛教艺术的影响，而且大多一砖一画、一砖一景，表现出强烈的时代气息和融汇共生的民族特色。

图4-1　听讼画像砖·魏晋（现藏于酒泉市肃州区博物馆）

坞堡射鸟画像砖（图 4-2）左侧绘一坞堡，坞堡正中有门，墙上设有垛口。坞堡外绘一高大树木，树枝上有两只黑鸟停留，树下男子正在引弓射鸟。坞堡是汉晋时期边疆农村常见的一种建筑，它用于守望，御寇防贼，对稳定边疆，保证兵民生产生活起了很大作用。

图 4-2　坞堡射鸟画像砖·魏晋（现藏于高台县博物馆）

砖和石材则被广泛用于地面的铺装，砖石中经常配有雕刻装饰，或者嵌入瓦瓷片、碎石子等材料，形成各种几何图案或动植物纹样，以显示皇家的尊贵和品位。藻井是一种常见的顶棚装饰形式，如在藻井中央叠套抹角（叠套是指在同一个藻井中，有多个斗四结构相互叠加，形成更为复杂的图案）的斗四藻井，周围饰以各种花藻井纹、雕刻和彩绘。这个时期的藻井基本继承了汉代的装饰式样，但随着西域文化流入中原和佛教在中国的兴盛，也呈现出一些西域文化和佛教艺术特色。

北魏时期莫高窟第 254 窟，顶部是平棋藻井，中央的蓝色画面表现了一座池塘，莲花盛开，飞天绕池飞行，仿佛在欣赏赞叹，忍冬纹则象征凌冬不凋（图 4-3）。又如莫高窟第 257 窟中，洞窟窟顶用平棋图案装饰，其目的是表现天宫意象，利用方形的大小及位置变化，层层叠进，以示高远深邃，四角饰以飞天或火焰纹（图 4-4）。平棋中心方格内画一宝池，池中荷花蔓生，四人在池中游泳嬉戏，用笔虽然简略，但动感极强。

图 4-3　莫高窟第 254 窟佛像及天花墙壁装饰·北魏

图 4-4　莫高窟第 257 窟宝池莲花平棋图案·北魏（史苇湘、杨同乐临摹）

　　而在一般的民居室内，墙面通常以素面为主，没有过多的装饰，整体风格简洁而平整。地面也只能使用最为普通的材料，如泥土、石块等进行铺装，很少有复杂的图案和装饰。这些材料的耐用性和美观度都相对较低，但能够满足基本的使用需求，这也反映了当时社会经济条件的情况。

第二节　家具陈设

魏晋时期的中国经历了剧烈的社会动荡和变革，政治、经济和文化秩序都受到冲击和融合。北方十六国的少数民族大量涌入中原，同时也带来了他们的生活习惯以及他们垂足而坐的高足坐具——胡床、绳床、筌蹄、椅子和隐囊等。席地而坐的传统礼仪习惯逐渐向垂足而坐转变，这种转变并非一蹴而就，而是历经几个朝代，直至唐末宋初才逐渐完成。大量的历史资料反映出魏晋南北朝时期人们的坐姿较为自由多样，家具的形制因而也更丰富。这个时期的日用家具大致仍沿袭着两汉时期席地起居的家具组合，既继承了传统的品种和式样，又受到西域民族文化的影响。主要家具类型有用于空间组织与屏障的帷帐及屏风，有供坐卧的席、床、榻、架子床和供放置物品的几、案等。

一、帷帐

在魏晋南北朝时期，人们经常利用帷帐来组织和划分室内空间。精心选择和搭配的帷幕布置不仅建立起尊卑有序、内外有别的空间次序，也有效地装饰了空间环境，满足了当时人们在心理、生理和艺术审美等各方面的追求。需要注意的是，这个时期帷帐的形制和纹样装饰融入了许多西域风格的元素。

如河北磁县北齐武平年间的高润墓，墓内正壁绘有宽约 6 米的大幅壁画（图 4-5），居中就是一具宽敞的平顶方帐，墓主人端坐在帐内床上，帐顶边饰鲜花和蕉叶，帐额上下檐绘有三个仙人形象（呈现出坐帐图的中心思想为升天）。高润生前是冯翊王，是鲜卑化的汉人，因而壁画采用鲜花、蕉叶及升天的佛教题材代替以往朝代帷帐上黄金龙头等的汉民族装饰形象，呈现"三教合一"的装饰风格。

图 4-5 北齐高润墓壁画——墓主人坐帐图

无独有偶，在已发掘的北齐墓葬中也有类似的壁画风格。山西太原北齐徐显秀墓室壁画（图 4-6）描绘了一幅宴饮的场景，墓主夫妇并排坐的床榻上方覆盖着高大的帷帐，帷帐下的屏风以及墙上的彩绘都展现了西域的艺术风格和装饰元素。

图 4-6 太原北齐徐显秀墓北壁夫妻并坐图（局部）

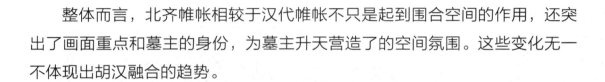

整体而言，北齐帷帐相较于汉代帷帐不只是起到围合空间的作用，还突出了画面重点和墓主的身份，为墓主升天营造了的空间氛围。这些变化无一不体现出胡汉融合的趋势。

二、床榻

因佛教传入，一些带有佛教装饰及西域特色的家具类型也在魏晋时期开始增多，如便于折叠的"胡床"、无法折叠的"绳床"、椅子和方凳等。床榻增加了高度，上部还架设有床罩。在床和榻的下部有箱型"壶门"结构（是一种轮廓线略如扁桃的装饰结构）。此外，出现了与床榻相配使用的凭几。家具的增高，也深刻地影响了室内空间的组织，但整体而言仍然延续秦汉时期传统，以床榻为起居中心组织室内的陈设，这在《女史箴图》和《北齐校书图》中得以印证。

《女史箴图》中"修容饰性"和"同衾以疑"两段场景展示了魏晋时期居室陈设的特点（图4-7）。"修容饰性"画面中一位女子正跪坐在席上梳妆，旁边置放着镜台和漆盒等物品。画中人物的坐姿和物品陈设的习惯都沿袭秦汉时期的风格。而在接下来的"同衾以疑"场景中，居室生活与陈设秩序都呈现出更加自由化的趋势。画面中的床榻外设帷帐，帷帐分段用绶带系住，飘带下垂；床四周由十二扇屏风围合，正面两扇可开合。从这幅图中可以看出，当时床的高度开始增加，而火焰状壶门造型的床榻腿足和曲栅足样式的长案都表现出鲜明的民族融合的特点。由此可见，尽管魏晋时期居室陈设在形式上仍有浓郁的秦汉遗风，但在行为观念上却不再严格遵从礼制。

在《北齐校书图》（图4-8）中，中心榻上散坐着四人。此图中榻的形制与早期仅供一人或两人坐的榻相比更加宽敞，可以容纳多人同时坐憩。图中右侧一名红衣士大夫坐在"胡床"上，五名侍者服侍在旁。这个"胡床"类似于今天人们常用的折叠凳，又叫马扎儿，轻便易于携带。

(a) "修容饰性"

(b) "同衾以疑"

图 4-7　顾恺之《女史箴图》局部·晋（唐摹本，现藏于大英博物馆）

图 4-8　杨子华《北齐校书图》局部·北齐（宋摹本，现藏于美国波士顿美术博物馆）

受当时社会经济和西域游牧民族的双重影响，魏晋南北朝文人士大夫注重个性的独立和自由，行为也更自由随意。从坐姿来说，席地跪坐已经不再是唯一的起居方式。《竹林七贤和容启期》砖画中的名人雅士们或侧身斜坐，或盘足平坐，或后斜倚靠，这种坐姿不仅体现了他们追求自由、不受拘束的性格，也反映了他们对舒适和自然的追求。

三、凭几

凭几是中国的传统家具，最早见于《周礼》的记载。凭几有直凭几和曲凭几之分。秦汉时期，虽然凭几早已是宫廷贵族居家旅行必备器物，但限于行坐礼仪姿态的要求，流行的主要是直凭几。随着人们日常坐卧习惯的改变，曲凭几逐渐在文人雅士和平民百姓的日常生活中广泛应用，既是跪坐休憩时的倚靠，也可以作为阅读时的依托。在三国时期东吴的朱然墓葬中曾出土一件黑漆木曲凭几。在南京象山琅琊王氏 7 号墓中曾出土一架牛车，车中置一陶凭几（图 4-9）。相比于前期的二足直凭几，这种带有弧线造型的曲凭几在使用时与身体更加贴合，倚靠更舒适，因此也称"三足曲木抱腰凭几"，主要在床榻上和带篷车上供凭倚使用（图 4-10）。文人雅士安坐于床、榻或席上时，常在膝前拥绕曲木凭几，以解疲乏。

图 4-9　陶牛车模型·东晋（现藏于南京市博物馆）

图 4-10　南京象山琅琊王氏 7 号墓出土的陶凭几·东晋

四、图案装饰

由于外来宗教文化的传入，魏晋南北朝时期的装饰图案在继承两汉传统图案的基础上，开始有了新的发展，创造了集中国传统艺术与宗教艺术等于一体的特色装饰风格，且逐渐受到绘画艺术的影响，具有典型的时代风格特征。由于外来的文化影响，这时期的图案表现出浓郁的佛教色彩，从同时期建造的云冈石窟、龙门石窟、敦煌莫高窟中也可反映出佛教流行的盛况（图 4-11 至图 4-13）。

西域民族的装饰图案纹样以动植物为主，其中最常见是缠枝纹、忍冬莲花纹等，表现手法多样且具有浓郁的自然气息和生活气息（图 4-14）。这些图案纹样在丝绸、陶瓷、壁画等方面都有广泛应用，为魏晋南北朝时期的装饰艺术注入了新的活力和创意。此外，火焰纹、卷节纹、璎珞、飞天、狮子和金翅鸟等装饰图案也广泛用于建筑和陈设的装饰。

(a) 285窟主室北坡

(b) 285窟主室西坡

图 4-11　莫高窟第 285 窟壁画绘制飞天、羽人、朱雀、飞廉和莲花等形象

图 4-12　莫高窟第 285 窟主室藻井壁画

图 4-13　莫高窟第 285 窟主室北壁壁画

图 4-14 莫高窟第 431 窟忍冬莲花纹人字披·西魏（黄文馥临摹）

第三节 士人插花与造园

　　魏晋南北朝时期战事频繁，政局动荡，隐逸文化盛行，文人雅士欣赏自然，隐居山野，以花草为友。此时期虽然带有宗教色彩的佛前供花仍为主要形式，但人们也把花枝插入盘中和瓶中装饰空间，或直接拿在手中玩赏，并以此传情（图 4-15）。南北朝的庾信在《杏花诗》中写道："春色方盈野，枝枝绽翠英……好折待宾客，金盘衬红琼。"将杏花插入铜盘宴请宾客，可见插花已开始变为生活的一部分。这几句诗生动地描绘了当时人们欣赏花木的情景，其中包括了折花、佩花、盘果花等多种形式，也体现了当时社会的文化风尚和审美趣味。山水审美和山水画论的发展为盆景的正式出现和唐宋以后盆景的兴盛奠定了重要基础。

　　该时期崇尚自然的审美情趣和寄情山水的社会风尚推动了士人园林的发展，占山护泽的庄园别墅兴盛。权贵豪族府邸与士族栖逸山居不断融合，隐逸生活注重居住环境的美，人们对自然的认识和理解逐步深化。谢灵运的始

图 4-15 北魏宁懋石室庄园宴乐图

宁庄园"百果备列，乍近乍远。罗行布株，迎早候晚……杏坛、奈园、橘林、栗圃。桃李多品，梨枣殊所。枇杷林檎，带谷映渚……"西晋时期，石崇的金谷园是一处山水相映成趣的私人园林，宅院中遍植名贵花木果树，如前庭的沙棠、后园的乌椑、灵囿的石榴以及茂林中的芳梨，四时飘香、景色宜人，是文人雅士聚会的好场所。

这一时期园林开始模仿自然景色，园中喜堆砌假山，植物配置注重与山水、建筑搭配。山东省临朐县崔芬墓壁画中可见植物、山石在庭院中的应用（图 4-16 ）。同时，植物文化进一步丰富，松、竹、梅、菊等植物深受文人士大夫喜爱。

图 4-16　山东省临朐县崔芬墓壁画

第五章　隋唐时期室内装饰与陈设

　　隋唐时期，结束了长达逾三百年的南北分裂，国家在政治上实现了统一和稳定，连接南北的大运河开通，经济繁荣昌盛，这些因素共同促进了文化艺术的蓬勃发展。此时城市的宏观规划也更加科学合理，长安城规模宏大，城内有宫殿、官署、市场、住宅等各类建筑，布局合理，功能分区明确。公卿贵戚和名士文人纷纷建造宅园、山庄、别墅，推进了宅居与自然环境的密切交融。

第一节 建筑空间格局与装饰

一、等级分明的居住空间

隋唐五代时期，砖石建筑继续发展的同时，木构架建筑技术也已日趋成熟，尤其是斗拱的应用不仅增强了建筑的承重能力和稳固性，还提升了室内空间布局的灵活性。因此，人们可以根据空间特点、生活需要和审美喜好灵活地建造、拆除或移动墙体。建筑技术的进步极大地丰富了室内空间的布局方法和使用方式，也使得界面装饰和软装陈设风格不断创新发展。

沿袭自秦汉时期以来的传统，隋唐时期的院落住宅通常采用四合院的形制，分为前院和后院，其内部基本上承袭了秦汉时期士大夫的"前堂后室"格局，家境丰沃者更有多重院落住宅。厅堂与居室是住宅中两种基本的空间类型，堂应为开敞空间，作为正式居所的室位于堂后方，室的南墙有门窗，如图所示为唐代品官住宅中"正寝"的空间格局推想图（图 5-1）。唐代地方城市与长安、洛阳一样，民宅建在坊内，而把官署和主要官员住宅放在了城中。一般民居则仍是低等级的夯土垣墙，上加木屋架，或盖瓦，或铺茅草。

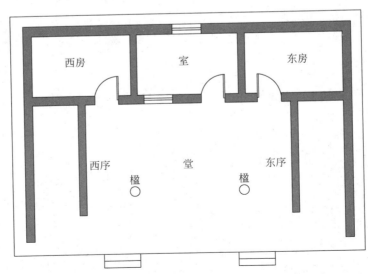

图 5-1　唐代品官住宅中"正寝"的空间布局示意图

二、风格融合的界面装饰

　　隋唐时期，社会经济和物质文化得到全面发展，制砖工艺也达到历史最高峰。室内装饰常用模印有纹样的砖作为铺地砖。根据考古发现，当时的地砖主要分为条形砖和方形砖两大类；按表面纹饰可分为无图案的素面砖、具有纹理的青棍方砖以及花砖三大类。花砖因其装饰性强，被广泛应用于各种建筑的地面铺装。这一时期的花砖图案多取材于富有自然气息的植物主题，常见的有莲花纹、卷草纹、宝相花纹、缠枝纹以及结合瑞兽的组合图案等。这些图案设计精巧细致，纹样复杂多变，具有较好的装饰效果。莲花是佛教艺术中常见的装饰元素，用于装饰佛像底座、壁画、雕塑以及建筑地面等。据传释迦牟尼佛降生时，东南西北，各行七步，步步生莲花。这种对莲花纹的喜爱也从宗教场所传播到了宫廷和贵族阶层，广泛应用于建筑装饰、织物设计、陶瓷器皿和插花盆栽等艺术中，成为唐代流行的装饰风格之一。该方砖出土于洛阳隋唐遗址，砖为正方形，灰陶质地，边长为 36.5 厘米，厚7 厘米（图 5-2）。砖心的莲子和外围的两圈莲花花瓣图案犹如一朵盛开的莲花。莲花纹之外饰以蔓草纹和联珠纹。绽放的花朵与蜿蜒的藤叶，共同勾勒出一种自由奔放的气息，体现了盛唐时期鲜明的艺术风格特征。

图 5-2　唐代莲纹花砖（现藏于洛阳周公庙博物馆）

　　唐代建筑墙壁多采用白壁丹楹（即墙壁涂刷成白色，而木构部分如柱子则涂以朱红色漆）的形式，它是对魏晋时期风格的继承和发展。而更为讲究的建筑墙面则采取"红粉香泥"，如唐代《朝野佥载》记载，武则天的"面首"张易之宅第"红粉泥壁，文柏贴柱，琉璃沉香为饰"。而唐中宗的宰相宗楚客家"皆是文柏为梁，沉香和红粉以泥壁"。元载家则是"以沉香为梁栋，金银为户牖"。从中可以看出中晚唐时期宫廷建筑装饰的富丽堂皇和当时的社会文化与审美意趣。

　　此外，彩画也大范围应用于墙壁、顶棚、梁柱和栏杆等的装饰，以"七朱八白"最为常见。"七朱八白"是一种在阑额（柱子上用于承接、连接柱头的水平构件）的立面处以朱、白两色所描绘的彩画，白色形成间断的条带，其余部分则采取朱色（图 5-3）。在唐代晚期的彩画中，不仅保留了阑额七朱八白，柱楣枋栱身刷丹朱、斗刷绿色，端头刷白色等基本做法，还增添了束莲、团花、忍冬卷草等彩绘纹样。

图 5-3　新城长公主墓壁画（局部，双层阑额绘朱白彩画）·唐

第二节　家具陈设

　　隋唐时期，唐代室内陈设一改前代较为朴素的面貌，形成流畅柔美、雍容华贵的盛世风格。而当时建筑技术的进步使得室内空间更为通透高敞，为高型家具的发展提供了足够的空间。在这一时期，低型家具逐渐向高型家具

过渡，因而各种形式的家具同时存在，低矮的床、榻、案和几等被继续使用，而适应垂足立坐的高型家具，如长桌、方桌、圆凳、靠背椅、长条椅和扶手椅等，开始在上层社会流行，并逐渐在普通百姓家中普及。家具构造形制也从箱形壸门结构向梁柱式框架结构转变。

一、功能多样的床与榻

床榻仍是隋唐时期室内陈设的中心，承载着人们日常生活的大部分活动。床榻在休息时是睡具，接待宾客时则是坐具。这一时期，床和榻的用途非常广泛，但对二者的区分界限较为模糊。床可分为多类，有接待宾客的坐床，有睡觉休憩的寝床，有辅助用餐的食床，有阅读书写的笔床等。榻也分坐榻和卧榻，坐榻较小，一般仅供 1~2 人坐；卧榻较大，可以供单人或多人共坐卧。

美国大都会博物馆收藏的《乞巧图》（图 5-4）直观地展示了床榻在室内的使用场景。虽然这幅画是五代时期的作品，但其绘画风格以及画中的装饰和陈设都具有唐代特点。画面中三开间院落建筑的中间厅堂敞开，无门窗，靠整幅与开间一样大的竹帘分隔内外。左右两间黑色木框的外侧固定了纤细竖杆件组成的直棂窗，上侧同样悬挂着卷帘。左侧一间是卧室，室内放着一

图 5-4 《乞巧图》（局部）·五代（现藏于美国大都会博物馆）

张大床，尺寸与厅堂中的床相当，床上挂着浅色的床帐，床下放有长脚榻。而厅堂中的床榻可能是作为坐具使用，床后置放多扇山水屏风。两张床前面均为壸门造型。图中清晰地描绘出唐代堂室空间的家具陈设秩序。

食床在大型宴饮或会客的场景中也被广泛应用。在《唐人宫乐图》（图 5-5）中，仕女们围坐着饮茶或奏乐的就是一张大型食床。类似的食床在壁画中也大量存在，例如陕西省西安市南里王庄唐代墓室壁画的一幅《宴饮图》（图 5-6）同样展现了当时人们围坐食床宴饮聚会的场景。由于这座墓葬的等级不高，画面所反映的可能是当时民间百姓的宴饮场景。

图 5-5 《唐人宫乐图》（局部）·五代（现藏于台北故宫博物院）

图 5-6 唐墓壁画《宴饮图》

随着床榻高度的增加，下部壶门便成为装饰的重点部位。受佛教文化的影响，原本在魏晋时期流行的火焰纹壶门造型，到唐代则演变为莲瓣造型。此外，壶门底部以横枨相连，类似于明式家具的托泥，形成了一个更加稳固的箱型结构，有效提升了床榻的平稳实用性。

二、样式丰富的坐具

随着垂足而坐逐渐由上层社会向普通百姓家的普及，隋唐时期的民间也出现了与之相适应的高型坐具，除床榻外，还有胡床、凳类以及椅类等。

唐代凳的样式日趋丰富，出现了粗木小凳、长凳、圆凳、木墩和王宫贵族妇女常用的腰凳等。腰凳，也称为月牙凳，具有唐代典型的高束腰、四腿雕花、大漆彩绘、花卉图饰的华丽典雅风格。为了坐起来更舒服，还在座面上附以锦帕或软垫，尽显宫廷华贵之气。在唐代周昉的《内人双陆图》（图 5-7）中，两位盛装贵族妇女对坐于双陆桌前行棋，二人所坐月牙凳的四角及腿足都有精心雕饰，腿足外侧是直角线，内侧为曲线雕花腿，两腿之间形成一个壶门轮廓。此凳座面为竹藤类的编织物，外形装饰追求华丽正与唐代风尚相符合。在《唐人宫乐图》和《挥扇仕女图》中也均呈现了造型新巧别致、装饰华丽精美的月牙凳。

图 5-7　周昉《内人双陆图》(局部）·唐（现藏于弗利尔美术馆）

南北朝时期的绳床到了唐代仍在使用，特别为僧尼修禅讲经所必备。白居易诗云："坐倚绳床闲自念，前生应是一诗僧。"据《资治通鉴》记载，人坐于绳床的横板上，前端可以支撑容纳膝盖，双脚能着地，后端有靠背，左右两侧的托手可以用来搁放手臂。这种可坐可倚的坐具实际就是椅子，是胡床的进一步发展。《通雅》记载"倚卓（椅桌）之名见于唐宋"。

除了绳床之外，唐代圈椅也同样具有典型的外来风格。唐代周昉《挥扇仕女图》（图5-8）中，女子所坐圈椅带扶手与靠背，且隐约可见扶手靠背连成一线，下方腿部还做成带有起伏的曲线，呈内翻状。这种样式的圈椅沿用到宋代，如南宋牟益的《捣衣图》中（图5-9），左侧女子所坐圈椅的样式与前代十分相似，椅腿雕刻如意云纹样，椅背为直棂结构。五代时顾闳中所绘《韩熙载夜宴图》（图5-10）中出现了靠背椅，我们看到画中人或盘腿或垂足而坐，居室中家具有椅有榻有案有墩。图中人物已完全脱离了席地起居的旧俗。虽然椅子已经出现，但唐代主要流行的坐具还是床榻，唐代以后椅子才流行开来。

图5-8 周昉《挥扇仕女图》（局部）·唐（现藏于北京故宫博物院）

图 5-9　牟益《捣衣图》(局部)·南宋 (现藏于台北故宫博物院)

图 5-10　顾闳中《韩熙载夜宴图》(局部)·五代 (现藏于北京故宫博物院)

三、与高足坐具相配的承具

　　坐具的由低到高演变使得承物类家具也相应发生变化。整体而言，这个时期的承具具有低型、高型交替并存的特点。低型承具继承秦汉时期已趋于成熟的案、几，高型承具如高桌、高案，正处于发展和完善的过程中，数量尚不多。

　　唐代卢楞迦的《六尊者像》为世人呈现出了六位佛教尊者的威严，与其相伴的还有三件集佛门清雅与大唐华彩为一体的案类家具。从形制上看，这三件家具可分为平头案与翘头案两类。其中翘头案一件，平头案两件。翘头案案面两端翘起，高束腰，四腿上端膨出，下端向外倾斜，壶门式牙板，整器造型雄浑（图5-11）。其中一件平头案形制小巧，造型空灵，案面平直宽厚，其立面施以装饰图案，下有小牙板，腿足似剑腿，施横枨（图5-12）。另一件为有束腰带托泥平头案，器形方正，纹饰丰满，案面侧面、束腰及腿足外侧皆有装饰（图5-13）。以上三件家具从使用功能上看，均可归为经案，是承放经书、香炉的器具。

图 5-11　卢楞迦《六尊者像》中翘头案（第十八纳纳答密答喇尊者）·唐

图 5-12　卢楞迦《六尊者像》中平头案（第十五锅巴嘎尊者）·唐

图 5-13　卢楞迦《六尊者像》中平头案·唐

四、屏风作为实用与艺术的载体

隋唐时期的屏风有座屏和折屏两种。屏风的形制与前代相比有较为明显的变化，一是屏扇数量可以根据空间需求增加，二是屏扇形态由先前的横宽型变为竖长型，三是屏风整体高度提高，四是制作屏风的材质更加丰富，多以木材为骨架，以纸或绢为面，再在其上绘制仕女、花鸟和山水等字画。

南唐宫廷画家王齐翰的《勘书图》（图 5-14）中，画面中心位置是一组三扇连接的屏风和长案。屏风上画青绿色山水，山峰与湖水相映生辉，长案上堆放着卷轴、书籍和乐器，都是文人的常用物品，暗示了他高雅的情趣。图中主人公却在勘书的过程中掏耳偷懒，屏风中的山水景色和草堂也恰恰暗示着他内心向往退隐山野的生活。此处的屏风已经不仅是一个家具和绘画元素，而且反映了文人士大夫理想生活的载体。另外，将屏风与榻结合成三面皆有遮挡的"屏榻"在当时已较为常见，如《韩熙载夜宴图》（图 5-10）中呈现的屏榻样式。

在西安市韦曲唐墓墓室西壁揭取的《树下仕女图》（图 5-15）屏风属于六合屏风，又叫六曲屏风，共由六幅组成。图中的每幅屏风都以一棵柳树作

图 5-14　王齐翰《勘书图》·五代（现藏于南京大学）

主要背景，一位装束、形象相同的仕女在享受明媚春光。古人竭力按照生前居住的寝室布置墓室。屏风在墓室壁画中的大量出现，也表明屏风在现实生活中的普遍使用。

图 5-15　《树下仕女图》中的屏风·唐（现藏于陕西省历史博物馆）

　　从敦煌壁画、《挥扇仕女图》和《唐人宫乐图》中所体现的浑圆华美的家具到《韩熙载夜宴图》和《勘书图》等中所体现的朴素精练的家具，可以看出唐末和五代时期，我国高型家具的品种和类型已经较为丰富，为后世家具的发展奠定了坚实的基础。

五、其他陈设

经济的繁荣，手工业的进步，良好地推动了隋唐装饰艺术的发展。这个时期的灯饰除了普通的陶瓷灯，唐三彩、邢窑白瓷和越窑青瓷也常运用于灯饰设计（图 5-16）。生活优越的贵族阶层会将室内陈设品装饰得极为豪华，常用的工艺有螺钿、金银平脱、金银绘、木雕、雕漆、夹缬和蜡缬（蜡染）等。现存的唐代生活陈设品包含金银、陶瓷、漆器、织绣和玻璃等材料（图 5-17 至图 5-26）。

(a) 青瓷灯·北齐

(b) 青釉莲花灯·南朝

(c) 白瓷莲瓣座灯·唐

图 5-16　南北朝至隋唐五代时期形式多样的灯具

图 5-17　鎏金飞狮纹银盒及其盒面纹样·唐（现藏于陕西历史博物馆）

图 5-18 透雕忍冬纹五足银熏炉·唐（现藏于陕西历史博物馆）

图 5-19 三彩双鱼瓶·唐（现藏于台北故宫博物院）

图 5-20　三彩烛台·唐（现藏于北京故宫博物院）

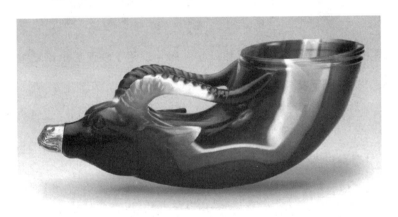

图 5-21　镶金兽首玛瑙杯·唐（现藏于陕西历史博物馆）

图 5-22　鲁山窑花瓷腰鼓·唐（现藏于北京故宫博物院）

图 5-23 八棱净水秘色瓷瓶·唐（现藏于法门寺博物馆）

图 5-24 八瓣团花描金蓝琉璃盘·唐（现藏于法门寺博物馆）

图 5-25　绿色贴花玻璃杯·唐（现藏于湖南省博物馆）

图 5-26　金银平脱镂金丝鸾衔绶带纹漆背镜·唐（现藏于陕西历史博物馆）

第三节　植物装饰艺术

无论宫廷和民间，隋唐时期都盛行赏花、品花和造园，插花、盆景、园林都得到飞速发展。观赏植物的培育技术在这一时期取得了显著的提升。人们不仅成功繁育出众多珍贵的花木品种，还能够通过引种和驯化的方式，将异地的花木移植栽培。白居易的诗作《牡丹芳》中，生动地描绘了人们观赏牡丹的热闹场面。周昉的《簪花仕女图》则形象地再现了唐朝贵族仕女簪花戴彩的情景，反映了当时社会对花卉的热爱和赏花游园的盛况，赏花已成为贵族生活的一部分（图5-27）。

图 5-27　周昉《簪花仕女图》（局部）·唐（现藏于辽宁省博物馆）

一、插花陈设

罗虬的《花九锡》是我国历史上第一部插花理论著作，书中记载插花是一个庄重的礼仪活动，插花花材、修剪工具、器皿及几座的选择搭配均有讲究，且插花活动进行时应通过吟诗、听曲、挂画、品酒来营造氛围。从中可以看出此时插花作品创作、插花空间陈设布置及欣赏形成了完整体系。这与现代花艺沙龙中通过音乐、布置和品鉴等活动来增添艺术氛围的做法颇为相似。插花形式不仅有盘花、瓶花，还有缸花。花器常置于典雅的基座上，并以名人字画或精致的屏风为背景，呈现出清新高雅的格调。人们在赏花时时常还会品茶、点香、咏诗助兴，注重多层次的感官享受。

二、盆景园林

隋唐时期盆景艺术有显著发展。唐代章怀太子李贤墓内有侍女双手托盆景的壁画（图 5-28），盆景中有小型山石和两棵小树，该盆景形似现代的树石盆景或水旱盆景，是我国唐代盆景艺术发展的重要历史见证。冯贽《记事珠》中记述："王维以黄瓷斗贮兰蕙，养以绮石，累年弥盛。"山水盆景是一种常见的盆景类型，它以观赏山石为主，盆内置水并错落地搭配植物，将锦绣河山巧妙地浓缩于一方器皿之内。

图 5-28　章怀太子墓壁画（局部）·唐

承继魏晋时期人们崇尚自然山水的风气，唐代公卿贵戚和文人雅士也喜好将山石、园池、花木、野径融入住宅院落，构成富有自然情趣的私家园林。王维的"辋川别业"和白居易的"庐山草堂"都是建造在山林中的宅院。同时，由于佛教禅宗的盛行，寺庙园林的兴起开辟了一种新的造园风格。唐代画圣吴道子和诗画名家王维常在山林寺庙间游历，柳宗元和欧阳修也亲自参与了寺庙园林的设计与建造，而大书法家颜真卿和米芾的书法作品则被镌刻在摩崖石碑上，形成了独特的文化景观。

敦煌莫高窟第9窟壁画显示毗耶离城维摩诘大居士的宅院一角，在主院之前有一扁小的曲尺形过院，过院中种竹，院外门前和两侧也是花竹并茂，生动地展示唐代住宅绿意盎然的景象（图 5-29）。

图 5-29　敦煌莫高窟第 9 窟北壁壁画——维摩诘经变

第六章　宋元时期室内装饰与陈设

　　从宋至元时期，中国处于南北分裂的局面，先后呈现北宋与辽、西夏，南宋与金、元的对峙。这三百多年间，中原地区基于农业、手工业的发展和城市商品经济的繁荣，推动了市民阶层的兴起和城市格局的演变。相对安定富庶的江南地区，经济、文化发展快速，建筑有后来居上之势。而崛起于华北、东北的契丹、女真民族，通过吸收汉族先进的文化、技术，也跟上了当时城市、建筑的发展步伐。这一时期对室内陈设产生重要影响的是文人士大夫阶层。作为社会文化的主流，士人将他们对哲学、艺术的观念渗透于生活的方方面面。此时上至皇室贵族，下至平民百姓，都争相效仿。他们对室内陈设的内容、陈设方式和格调定位产生了重要影响。

第一节　日趋丰富的住宅类型

宋代经济文化的发展促进了建筑的发展，建筑类型更加多样化，宫殿、佛寺、商铺、住宅和园林建筑同步发展。《清明上河图》反映了北宋都城东京街市和沿河的繁华景象，各种商铺鳞次栉比，建筑及装饰类型丰富多样。《营造法式》的问世标志着宋代建筑技术的高度成熟，这本书对木构架建筑及装饰体系进行了系统的总结，使得建筑设计、施工和管理更加规范化。

宋代宫廷贵族与商贾的空间布局整体沿袭了之前"前堂后寝"的建筑形制，但由高大壮阔向小巧精致演变。《宋史》中明确记载，六品以上官员的宅第外部，可以建有乌头门或门屋。往里走是外厅房或叫正厅、前堂，一般为会客宴饮和家庭婚丧礼仪场所。第三层是后堂，也叫寝室，是日常起居的卧房，一般位于正厅之后。第四层是宅后花园，一般留有后门或叫角门。另外，在厅堂与卧室之间有穿廊，两侧有耳房或偏院。在贵族宅邸中也常设佛堂、道室和家庙，用以诵经参禅或祭奠祖先牌位。

普通百姓家受等级和经济能力限制，住宅非常简朴，规模大小不一，形制布局上较为自由。传统住宅通常分为瓦屋和茅草屋两种类型，瓦屋主要分布在城镇地区，而茅草屋则广泛分布于乡村和山野。通过《千里江山图》（图6-1）等宋代绘画作品中的住宅样式，可以窥探普通宅院一般由几间房屋和院墙、栅栏或篱笆围合而成，常见的布局形状有"一"字形、"工"字形或"王"字形等。室内空间的功能区分仍与以往一样，有厅堂、卧室、厨房和厕所等。正如宋代陆游词云"梅花一树映疏竹，茅屋三间围短篱"。

(a) 工字形布局

(b) 四合院围合

图 6-1　王希孟《千里江山图》(局部)中的民居布局形式·北宋

第二节　空间界面装饰

一、小木作分割空间

从《营造法式》所记载的小木作技术可以看出，丰富的木构手法逐步取代了帷幔幕帘，成为空间组织的主要手段，也使建筑艺术细腻化，室内空间格局趋于灵活。木作技术的发展促进了门窗构建技术的提升。格子门的一条门框可以有七八种断面形式，北方为了冬季保暖还有双重格子门，随着四季气候变化可灵活拆卸（图6-2）。窗户有直棂窗、方格眼窗、阑槛钩窗、落地长窗及隔扇窗等多种类型，窗内通常再设帷帘屏风以防风保暖。直棂窗是那时使用最普遍、制作最简便的固定不能开合的窗子样式（图6-3）。而实用性

图 6-2 《中兴瑞应图卷》(局部) 中的双重格子门·宋

图 6-3 《中兴瑞应图卷》(局部) 中的直棂窗·宋

较强的阑槛钩窗是一种位于槛座上的格子门窗，也是古代的一种内有托柱、外有钩阑的方格眼隔扇窗，其能开能合，做工讲究，形式美观（图6-4）。人们开窗就可小坐并凭栏眺望室外景致，在《清明上河图》（图6-5）和《中兴瑞应图卷》等多幅宋画中均有出现。

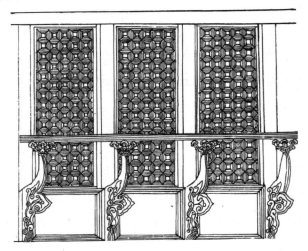

图6-4　阑槛钩窗示意图

图6-5　阑槛钩窗在《清明上河图》商户中的应用

拆装方便的格子门、落地明造和阑槛钩窗等新的木构门窗样式的出现，大大改善了宋代建筑的采光和室内外景观的互融，将功能与形式完美地结合在一起。格子窗在室内还常与截间格子、截间板障、板壁或照壁屏风等结合在一起，让空间分隔虚实相间，使室内陈设灵活又美观。在刘松年《四景山水图》（图6-6）的第二段中，详细刻画了面向平桥湖畔庭院建筑的屋顶、格子窗和台基，以及屋内的屏风、长案和矮榻等家具细节。开敞的格子门呈现出典雅的家具陈设，而茂密的树木和层叠的屋瓦把整个宅院衬托得宁静豁亮。

图 6-6 刘松年《四景山水图》（局部）·宋（现藏于北京故宫博物院）

二、地面铺装材料丰富

根据史籍记载、墓室壁画、遗址以及绘画等资料发现，宋代的地面铺装常用的材料有砖、石、木、灰土等。灰土地面又叫素地面，最为经济实用，在百姓和普通商铺室内地面铺装中使用较多。《营造法式》中记载素土地面一般做"瓦喳基础"，即将石屑、碎砖瓦和夯土逐层铺设，这样有助于提升地面整体的防潮性、耐磨性和平整性。《清明上河图》所绘街道两旁的商铺多是采用这种朴素的地面铺装。在南宋何荃的《草堂客话图》（图 6-7）中，室内厅堂的地面铺装为素地面，而室外亭子的地面为地砖或木地板铺装，具有明显的斜纹图案。

图 6-7　何荃《草堂客话图》（局部）中的地面铺装·南宋

　　而在宫廷殿堂和较为富庶人家的宅院中，砖、石材料被广泛应用。除了《营造法式》中对砖的使用和说明有详细的记载以外，在许多宋画中也可以看到砖铺地面的形式，比如南宋萧照的《中兴瑞应图》（图 6-8）。在诸如台榭楼阁等底部架空的干阑式建筑中，地面常用木地板铺装，如《荷亭对弈图》（图 6-9）中的前部亭台内部地面就铺设了长条状的木地板。而较为讲究的建筑室内则流行使用"地衣"（地毯）装饰，如陆游《感昔》中的"尊前不展鸳鸯锦，只就残红作地衣"。无论是哪种地面铺装，在当时已经有精细的工艺和严格的规范以保证宫殿的庄重、平整和稳固。据《营造法式》记载，宋代地面铺设之前必须进行验土，以确定土壤的虚实性质，同时还会弹线定位铺设位置与高度。

图 6-8 萧照《中兴瑞应图》(局部)中建筑的地砖铺装·南宋

图 6-9 《荷亭对弈图》·元

图　6-9（续）

三、墙面及顶棚装饰

《营造法式》书中将天花大致分成两类：平棊与藻井。平棊（qí）类似于今天遮蔽楼顶梁架管道的"天花板"，它是以建筑的柱网间距为单位阵列排布图案，每个格子多呈正方形或长方形，板面多用"贴络华文"装饰（图6-10）。另一种方形网格无花纹装饰的天花被称为平闇（àn）（图6-11）。藻井是在平棊的主要位置上，将平棊的一部分特别提高，逐层叠起，形制有严格的等级规范，精巧繁复，多用于高规格的殿阁类建筑（图6-12）。

在建筑木作技巧精进的基础上，对梁柱门窗等的雕琢与刻画精细程度也达到了新的高度。在建筑装饰彩画中，绘制每一朵花都极为精细，每片花瓣的形状与姿态均不相同、自然生动，且花瓣的色彩也经过由浅到深的层层渲染，过渡自然又充满生机。宋代建筑用色喜稳重而清淡高雅的色调，这与宋代的整体艺术风格是分不开的，并直接影响了元、明、清三代。

对木材、砖、石等一系列建筑材料的娴熟应用以及壁画、彩绘、天花藻井等精美绝伦的室内装饰，无不体现着宋代高超的建筑技术水平，对当代的建筑及室内装饰都有着深远影响。

图 6-10　山西大同严华寺大雄宝殿平棊天花

图 6-11　天津独乐寺观音阁平闇天花

图 6-12　保国寺大殿斗八藻井

第三节　高足家具的发展

　　随着垂足而坐的生活习惯在两宋时期的形成和普及，高型家具也迅速发展，不仅品类丰富且造型精简。高足的案、桌及柜陈设普遍，大大丰富了传统家具的类型。椅子的设计已趋于完善，样式已经具有明清座椅类家具的雏形，如曲搭脑靠背椅、太师椅和交椅等。家具造型端正、简约、挺秀，较少雕饰，呈现出简洁实用的特点。陈设布局常采用非对称式，生活中心也由前期的以床榻为中心转变为以桌案为中心，方式可随着空间大小及主人的喜好而灵活改变。床前常设屏风，屏风绘制山水花鸟题材的书画。此时期的家具整体淳朴纤秀、结构精练，具有质朴、清淡、典雅的理性美。随着家具的布置和组合方式的改变，居室陈设也从注重实用功能转变为更加注重室内环境与居住者精神层面的契合，更加重视对空间氛围的营造。

一、床榻的功能逐渐明晰

自宋代起，床榻的区分开始变得清晰。床是卧室用来睡觉的卧具，而榻主要作为坐具放置于厅堂、起居室、书房和户外环境中。榻通常与屏风一起使用，共同形成围合空间。

隋唐至两宋时期的床榻主要有箱形结构、四足平板结构及带屏床榻。如《重屏会棋图》（图 6-13）右面最高者为箱形结构榻，壸门造型，腿足下带托泥，造型古朴端庄，基本保留了汉唐时期的遗风。其余两榻属于框架结构，均为四足立柱造型，腿足为方腿或饰如意云纹，足间带横枨，前方榻行使棋桌功能，后方榻除可坐卧外还陈设有投壶和漆盒等。可见宋代榻仍具有坐卧的双重功能，在当时多为贵族阶级和文人雅士之用，榻上常放有凭几、靠背和棋枰等。

图 6-13　周文矩《重屏会棋图》（局部）中不同形制的榻·五代

又如《槐荫消夏图》（图 6-14）中，一高士平卧榻上闭目养神，头枕软囊，脚垫凭几，闲散慵懒，惬意自得。榻为壸门托泥式，并带如意足，线条简洁，造型素雅。靠头侧置一屏风，屏风所绘为雪景寒林图，伸手可及的茶几上，焚一香炉，书卷、烛台等物随意放置。从图中可看出文人雅士的房间陈设清秀淡雅。

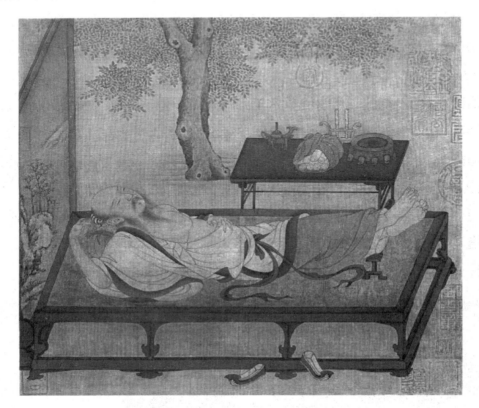

图 6-14　王齐翰《槐荫消夏图》中的箱形结构榻·五代

二、高足坐具的普及

宋元时期出现了更先进的解木与平木工具，极大提高了居室中木制家具的陈设制作水平。两宋时期的高足坐具基本上发展为坐墩、座凳和座椅三大类。五代时期，《韩熙载夜宴图》中就出现了蒙有绣套的圆墩（即绣墩）。宋朝时期，坐墩的使用已相当普遍，且成了登堂入室的正式坐具，不少绘画作品中可见坐墩的身影。如《浴婴仕女图》《十八学士图》和《戏猫图》（图 6-15）等。这些坐墩往往风格质朴浑厚，腹部挖有较大的开光，有的还带有模仿竹藤效果的痕迹。

图 6-15　《戏猫图》(局部)·宋 (现藏于台北故宫博物院)

　　条凳在唐代已多见，宋代更加普及，如在《清明上河图》中的食摊和酒楼到处可见。春凳是条凳中较为精致的一种，有软性坐屉。箱凳是凳类家具中最为特别的一种，如其名，其外形似箱，实际功用可作凳，同时它也有箱的储纳功能。在《清明上河图》中赵太丞家药铺门内对称放置两张春凳（图 6-16）。在其旁边的店铺中，一个工匠就坐在一个阶梯状的箱凳上，或许正是为了适应工作需要，才有了这样二合一的设计。

图 6-16　张择端《清明上河图》中的春凳与箱凳·宋

椅子最早在唐代就已经出现，然而真正意义上在家居生活中普及使用则是在宋代。宋代在前代的基础上发展出了交椅、圈椅、太师椅、折背样椅、灯挂椅等。大量的宋代绘画中都描绘有椅子的图像（图 6-17）。交椅又

(a)《蕉阴击球图》中的交椅

(b)《无准师范像》中的圈椅

(c)《十八学士图·观画》中的带脚踏玫瑰椅

图 6-17　宋代绘画中的座椅类型

称"校椅"，它巧妙地融合了胡床便携可折叠和圈椅舒适可倚靠的特点，再加上其重量轻、搬运方便、造型优雅的特点，在宋代较为流行，在《蕉阴击球图》和《清明上河图》中均有出现。宋代圈椅在结构和造型上都比唐代简化，椅圈弧线流畅，椅背设计符合人体脊椎曲线，能较好地支撑臂膀和背部，为明清圈椅的完善奠定了基础。靠背椅在宋代使用非常普遍，从历史资料和出土文物看，宋代靠背椅的搭脑出头向两侧伸出较长，与宋代官帽的幞头展翅颇为相似。宋代玫瑰椅背高度约为普通椅背高度的一半，扶手与靠背等高，结构精简凝练，构件多细瘦有力，没有材料与工艺上的浪费，整体审美与当时文人崇尚雅洁简朴之风关系紧密。

三、实用功能增强的承具

桌在宋代以前的使用主要被几、案、台等家具所承担。宋代以后，桌的使用功能逐渐增强，而其陈设功能逐步减弱，而案恰好相反。在《清明上河图》（图6-18）中，桌子的形象多在各个店铺、摊子中出现。图中的桌子或高或低，桌面也根据实际需要呈正方形或长方形，整体风格较为朴实。从宣化辽墓壁画（图6-19）和《蚕织图》（图6-20）中可以看出，桌子在当时人们的生活中扮演了十分重要的角色，特别是在一些礼仪或仪式，如备茶、备经和备宴活动中，桌子都是十分重要的载体。此外，还有一种折叠桌，桌腿的结构类似于

图6-18　张择端《清明上河图》店铺中各种类型的桌与凳·北宋

胡床和交椅，矩形桌面，在功能上是放置经卷的经桌。而在北宋《听琴图》中所展示的琴桌，其结构合理、比例协调，体现出了宋代高雅的文人气息。

随着坐姿的改变，几在宋代已不再只是跪坐时用来倚靠支撑身体的凭具，更多的是作为置放小型器物的承具使用，如用来摆放茶具的茶几、置放香炉的香几、展示花卉盆栽的花几和火炕上辅助用餐的炕几等。

图 6-19　宣化辽墓壁画中的礼仪用桌和折叠桌

图 6-20　《蚕织图》中不同生活场景的用桌与高橱·宋

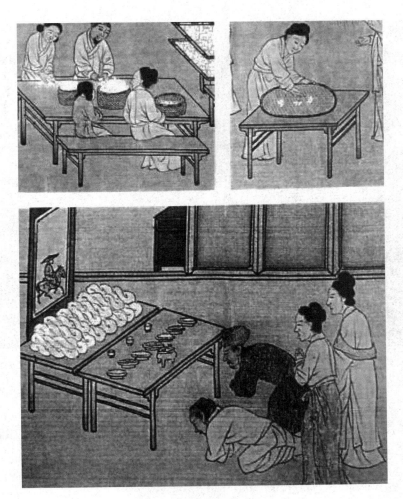

图　6-20（续）

四、存储物品的庋具

　　庋具是放置、收藏物件的储物类家具，如箱盒、橱柜等。箱盒是可移动携带的家具，而橱柜的位置一般较固定。箱盒在古代又被称作函、匣、奁等，箱与盒的主要差异为尺寸大小，一般较大的称为箱，而较小的称作盒。宋代的箱盒大多做成盝顶型，体与盖相连，盖顶向四周呈一定角度的下斜，有些箱盒的棱角处还以铜叶或铁叶包镶，兼顾坚固与美观（图6-21）。

　　橱柜是有横拉门的庋具，宋代的橱柜较唐代新增了抽屉这一重要功能部件，大大增加了存取物品的便捷性。橱与柜并没有十分明显的界定，两种称谓经常混用，如北方人一般将其称为柜，南方人一般将其称为橱（图6-20）。

(a) 宣化辽墓壁画中的盝顶型箱盒　　　　　(b)《重屏会棋图》中的食盒

图 6-21　宋代储物类庋具

有时也以高度来区分，橱较高，置物的功能性更强，柜较矮，柜面常当作桌面来使用。

五、功能丰富的屏风陈设

宋代屏风的陈设方式可谓丰富多彩，经常与其他家具组合陈设于室内或室外庭院，起到分割空间、挡风遮光、遮挡视线和装饰美化等作用，既因地制宜又灵活多变。

屏风根据扇面数量的多少可分为独扇式和多扇式。《重屏会棋图》（图6-13）中呈现的就是独扇座屏，之所以称为"重屏"是因其内部又巧妙的绘制了一个多扇屏风，营造出"画中有画"的奇妙视觉效果。在庭院中，座屏经常与桌案椅凳等家具围合或分隔空间，如苏汉臣的《靓妆仕女图》（图6-22（a））中，一位仕女正坐在一扇宽大的素面独座屏前梳妆打扮。刘松年的《罗汉图》（图6-22（b））中绘制的是一扇可灵活置放的木构三折式屏风。《十八学士图之棋轴》（图6-22（c））中对弈学士后面的书画屏风有机融入庭院。

(a) 苏汉臣《靓妆仕女图》

(b) 刘松年《罗汉图》

(c)《十八学士图之棋轴》

图 6-22　宋代绘画中的不同样式屏风

　　按屏芯的题材区分，屏风可以分为木雕屏、石屏、书画屏、螺钿屏、金漆髹饰屏等。宋代日常生活中经常使用的还有一些小巧的屏风，如可悬挂的挂屏、放置于床头或椅背处的枕屏以及书桌上置放的砚屏等。挂屏不设底座，以画作为屏芯，直接挂在墙上，其目的就是为了欣赏、展示与装饰。挂屏的出现对后世的书画立轴装裱和陈设形式也产生了重要影响。

　　枕屏多与板榻合用，其长度接近榻宽，有避风、避光、遮挡和装饰等作用，如北宋王诜的《绣栊晓镜图》（图6-23），画中在床榻上置一小的枕屏，在其后方有一扇大的素屏作为背景烘托。但随着围子榻的普及，枕屏也渐渐退出了历史舞台。

图 6-23　王诜《绣栊晓镜图》庭院中床榻上的枕屏·北宋

六、其他陈设

　　宋元时期织物的规模、种类及装饰呈现出前所未有的鼎盛。织锦中常加入金线，刺绣也呈现出更加丰富的种类。宋代陶瓷成为中国陶瓷艺术的最高峰（图 6-24 至图 6-28），青花瓷器则在元代高度繁荣（图 6-29）。宋元灯具大量使用陶瓷材料，并使用酱釉、绿釉等不同釉料，强调实用性与装饰性相结合（图 6-30）。

图 6-24　官窑青瓷尊·宋（现藏于台北故宫博物院）

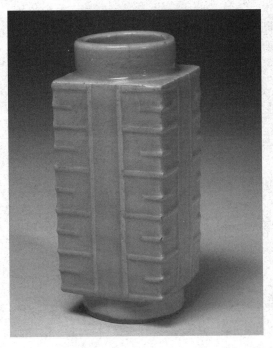

图 6-25　龙泉窑琮式瓶·宋（现藏于台北故宫博物院）

图 6-26　汝窑青瓷盆·宋（现藏于北京故宫博物院）

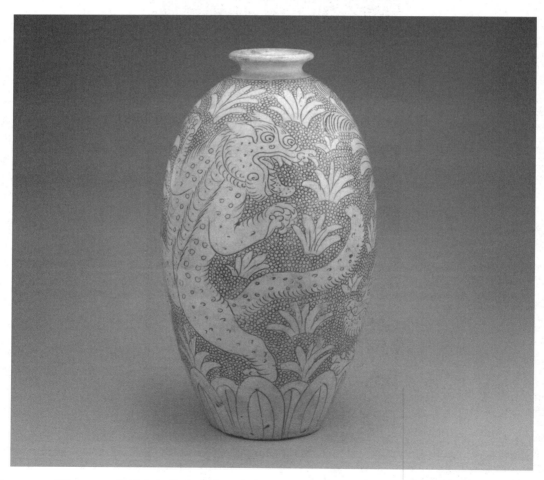

图 6-27　登封窑白釉珍珠地划花双虎纹瓶·宋（现藏于北京故宫博物院）

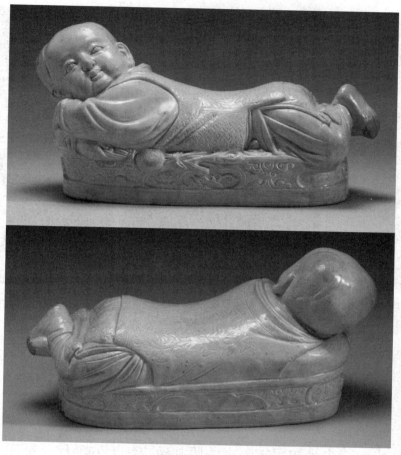

图 6-28　定窑白釉婴儿枕·宋（现藏于北京故宫博物院）

图 6-29　元青花凤穿牡丹纹大罐

(a) 钧窑月白釉瓷灯　　　　　(b) 男佣荷叶瓷灯　　　　　(c) 钧瓷执壶灯

图 6-30　宋元时期瓷制灯具

第四节　元代室内装饰与陈设

　　元代作为一个由少数民族入主中原并建立统治的朝代，其建筑风格和装饰艺术在很大程度上继承和仿效了前朝中原地区的历史传统。同时，由于元朝统治者重武轻文，加上其统治时间不满一百年，因此装饰与陈设基本上是在宋代已有的基础上进行发挥和演变。

　　家具陈设方面，元代起了承前启后的作用，在宋代家具的基础上有传承和发展。但与宋代家具含蓄简约的风格不同，元代家具呈现出豪放刚劲的特点，曲线造型在家具中大量运用，并出现了相对烦琐的雕刻细节（图 6-31 至图 6-33）。元代是由蒙古族建立的朝代，其室内装饰风格融合了汉族、蒙古族以及其他少数民族的艺术特点，造型较为烦琐，色彩对比鲜明，用材繁多而贵重。如其地面常铺设带有美丽花纹的石材或地毯，还以不同色彩的石材间隔装饰。

图 6-31 具有抽屉的元代家具

图 6-32 具有倭角线的元代家具

图 6-33 江苏省苏州市张士诚母曹氏墓出土银镜架·元（现藏于苏州博物馆）

第五节　植物装饰艺术

一、插花陈设

宋代是我国插花发展的繁盛期，各种花事活动超越前代。西京洛阳的牡丹，雍容华贵，被誉为"国色天香"，受到了人们的极度喜爱，这在欧阳修的《洛阳牡丹记》和张邦基的《墨庄漫录》中均有所记载。每到花开之时，无论身份贵贱，士庶民众竞相出游赏花，洛阳城内外都沉浸在一片欢腾之中。宋朝人不仅喜爱插花，而且对插花技艺的研究也有相当高的水平，并出版了许多相关文章与书籍，如《癸辛杂识·续集》《分门琐碎录》和《山家清事·插花法》等。吴自牧《梦粱录》等许多古籍中都有对当时饭店、酒楼、茶馆和游船上陈设插花的描述。

在宋代，堂屋的中央通常会摆放屏风，而在屏风的前方则放置主人和宾客的座椅，形成一个基本的厅堂礼仪空间（图6-34）。由于屏风和瓶花都具有移动方便的特性，出现了瓶花与屏风自由搭配的形式。宋代绘画中可见很多室内家具陈设于室外，文人雅士均在园林庭院中从事雅事（图6-35）。

图6-34　仇英临宋人画册（现藏于上海博物馆）

图 6-35　《盥手观花图》·宋（现藏于天津艺术博物馆）

宋徽宗《听琴图》（图 6-36）以松、竹、石营造清雅的园林环境，抚琴者正对一插花，该插花位于玲珑山石之上，以古鼎作器，上插一花枝。

图 6-36　宋徽宗《听琴图》（局部）·宋

《瑶台步月图》（图6-37）描绘宋代女子拜月习俗，画右侧供桌上摆放了清供之物，上有一觚，上插花枝。宋代插花构图上庄重严谨，构思崇尚理学，注意发挥每种花材个体的生命力和线条机能，呈现清雅的意蕴，插花向小型化、精致化方向发展（图6-38）。

图6-37 《瑶台步月图》·宋

(a) 春花册（篮中为碧桃、海棠、连翘、黄刺玫、芍药等春季花卉，现藏于上海龙美术馆）

图6-38 李嵩《花篮图》·宋

(b) 夏花册（篮中为单瓣蜀葵、红萱草、大花栀子、石榴花和萱草等夏季花卉，现藏于北京故宫博物院）

(c) 冬花册（篮中为红山茶、水仙、绿萼梅、腊梅与瑞香等冬季花卉，现藏于台北故宫博物院）

图　6-38（续）

相较于宋代，元代厅堂中的插花陈设变得更为突出。陕西蒲城洞耳村出土的八边形元代古墓壁画（图6-39）描绘了蒙古贵族的生活情景。画面中心是一座屏风，两侧各有一张桌子，桌上各放置一瓶花卉和其他器皿。这幅壁画所展示的家具陈设风格与宋代颇为相似，都是以屏风为焦点，前面对称摆放着主宾座椅。不过，与宋代不同的是，元代在此基础上增添了两侧对称摆放的桌案和瓶花。

图6-39　陕西蒲城洞耳村八边形元代古墓壁画

二、盆景园林

宋代盆景有树木盆景和山水盆景之分，石附式盆景也有了文字记载。石附式盆景将植物与景石巧妙地结合，更加贴近自然，是更具有观赏性的一种盆景造型形式。这一时期不论宫廷还是民间，盆景均成为生活的重要内容，奇树怪石作为赏玩品蔚然成风，山水盆景制作技艺也显著提高。宋代《十八学士图》（图6-40）中的古松盆桩反映出高超的盆景制作技艺。

图 6-40 《十八学士图》·宋

　　尽管元代统治阶级崇尚武力，不太注重文化艺术，但盆景艺术依然有所发展。元代盆景整体小巧精致，其中高僧韫上人制作的"些子景"是这一时期的代表。"咫尺盆池曲槛前，老禅清兴拟林泉"，将山川、林泉、植物等大自然的元素巧妙布局在盆器中，与现代中型盆景有异曲同工之妙。

　　宋代园林达到中国古典园林登峰造极的境地，特别是文人园林的兴盛，呈现间远、舒朗、雅致、天然的特点。植物是园林的主体，通常为成片栽植竹林、梅林等，同时搭配药圃、蔬圃等。司马光的独乐园"采药圃"中有用竹子扎结成庐、廊的构筑物，自成天然。为了观花，还建了花圃，种植牡丹、芍药等。花圃成为当时园林中的常见要素。总体而言，园林植物配置及品种培育在宋元时期有所提高。一些关于花卉的著作刊行，为园林的广泛营造提供了技术保证，花木观赏也开始更普遍地进入文人士大夫的精神生活领域。

第七章　明清时期室内装饰与陈设

　　明清两代是分别由汉族、满族建立的全国统一政权，也是中国历史上最后两个封建王朝。明中期以后，随着商品经济的发展和生产力的提升，资本主义开始萌芽，商业城镇遍布各地，各地府、州、县城的商业和手工业都有明显发展，尤其在地理环境得天独厚的江南地区。社会经济的高速发展也使得建筑装饰及室内陈设在明代和清中叶时期经历了最后一次发展高峰。

　　中国的木构架建筑体系在明清时期达到了高度成熟的阶段，不仅在整体结构上更加稳固和耐用，而且在空间布局上也更加灵活和实用。明代匠人在生产实践积累的基础上创作了一批至今仍有影响的工艺技术专著，如《鲁班经》《长物志》《园冶》和《髹饰录》等。到清代官方颁布了《工程做法则例》，其内容涵盖了官式建筑的设计、施工、估工算料、编制预算以及竣工验收等方面，为当时的建筑工匠提供了营造房屋的标准，也为主管部门验收工程和核定经费提供了量化依据。在设计和施工方面，清宫廷设有主持设计和编制预算的"样房"和"算房"，形成了严密的设计制度。

　　自清中期以后，官式建筑的营建趋于刻板僵化，主要体现在结构的固定化、装饰的繁复堆砌以及造型的拘谨而欠缺生机，这些都透露出官式建筑在清代中后期的停滞、衰颓，缺乏创新。

第一节 空间界面装饰

明清宫殿等大型建筑墙面装饰丰富多彩，主要形式有刷饰黄色的包金、贴金、彩绘和贴"白堂篦子"等。此外，木雕、石雕、砖雕等手法也常被用于墙体装饰，使得建筑物呈现出独特的艺术风格。例如，紫禁城是明代宫殿建筑的代表，其内部通常采用木质结构，装饰有精美的木雕和彩绘，衬托出豪华富丽的氛围。壁画是也宫廷建筑装饰的重要组成部分，常以历史故事、神话传说和自然景观为题材，色彩鲜艳，形象生动。

从明代开始，砖产量大幅度增加，砖墙使用普及，各地的城墙和重要建筑墙体都更新为砖墙。琉璃砖瓦应用更为广泛，其色彩、纹样也更加细致多元。建筑装饰技法也更加丰富，在大、中型住宅中，常见木雕、砖雕和石雕装饰。砖砌隔墙表面常施以麻刀灰抹面，土坯墙则使用稻壳泥后刷白灰水罩面，面层再裱糊大白纸。在南方民居中，木板壁常被用作隔断墙，表面施以油漆或彩绘装饰。此外，较为讲究的墙面会采用夏布罩面或纸筋灰抹面。

明清时期地砖的生产技艺大幅度提高，大量应用于室内装饰。当时用砖铺装地面叫作墁地，一般有 4 种做法。第一种是倘白方砖地面，是细墁地面的简易做法，砖料只磨顶面，不磨四肋，铺装后面平有缝，用于多数殷实百姓家庭的室内地面。第二种是细墁方砖地面，其砖料细致，顶面磨平，四肋方直，铺装后面平不见缝，一般用于宫殿和重要建筑的室内地面。第三种是金砖墁地，通常使用最好的砖料，质地坚硬细腻，润如墨玉，敲之若金、铿锵有声，故名金砖，只用于皇家重要宫殿的室内地面。第四种是粗墁地面，砖料无须加工，一般用于室外路面铺装。除了地砖之外，此时楼阁或卧室也常使用木地板。地毯在达官贵人府邸中普遍应用，起到装饰与保暖的作用。

明清时期的宫殿内，顶部有很多做成天花形式，也就是宋代所说的"平棊"，清代称为"井口天花"，其实就是一种木构顶棚。用木条纵横相交将顶棚分成若干小块，每格上覆盖木板，也称"天花板"。其露明部分一般根据建筑等级绘制龙、凤或百花等彩画图案，色彩上多以青绿为底色，也有少部分较高等级的使用沥粉贴金（图 7-1（a））。在等级较低的空间顶棚上常用海墁天花，即以木格蓖为骨架，其外满糊麻布和纸，上绘彩画或用编织物装饰，因其作画材料为软性材料，故又称"软天花"（图 7-1（b））。"海墁天花"的彩绘画法主要有两种形式，一种是不受天花支条约束，大面积绘制彩画图案；另一种是仿照井口天花做法，在井口方格内绘有井口天花彩画，如北京慈宁宫花园临溪亭的牡丹团画图案。

(a) 团鹤平棊天花

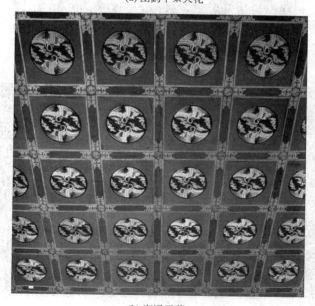

(b) 海墁天花

图 7-1　北京故宫承乾宫彩绘

第二节 空间隔断

　　明清建筑空间隔断的形式主要有壁纱橱、罩、博古架、太师壁、帷帐帘幕和屏风等。

　　罩是一种室内隔断形式，一般沿墙柱配合梁枋的位置安置，其立面形象大体呈倒凹形，常见的有落地罩、栏杆罩、花罩、飞罩和炕罩等（图7-2）。罩表面一般通过浮雕或透雕装饰植物纹、动物纹、几何纹和人物故事等精美的图案。不同类型的罩常用于界定和划分空间，例如在一座三开间的厅堂中，罩会被安置在左侧开间与右侧开间以及中央开间之间，以区分不同的功能区域。

(a) 旭辉庭栏杆罩

(b) 漱芳斋落地花罩

图 7-2　北京故宫室内不同形式的罩

碧纱橱是一种用于室内的隔扇，因为隔扇部分常常糊以绿纱，所以得名"碧纱橱"。每个碧纱橱所用隔扇的多少视建筑的进深大小而定，一般有六扇、八扇、十二扇等之别。碧纱橱中每扇隔扇的结构和形式与门、窗隔扇相仿，不过比门、窗隔扇用料更为轻巧、纤细，雕制更为精心，装饰也相对繁丽，有的还用螺钿、美玉和景泰蓝等镶嵌。

太师壁也是一种常见的室内隔断。壁面上用棂条拼成各种花纹与图案，非常精美。在壁的两侧靠墙处，还会各开一个小门，以供出入。因此，室内设置了太师壁以后，既增添了室内的装饰美感，又能阻隔其内外视线、分隔内外空间，但同时又不阻碍人的出入。

第三节　明式家具

大航海时代的到来促进了明代商业经济和海外贸易的发展。而传统家具的发展也在此时达到了高峰期，一方面经济的繁荣使得府邸、宅院和商铺等不同类型建筑的建设量增加，人们改善居住环境的热情也被激发；另一方面，社会需求的推动使从事家具制作的工匠人数增多，家具制作工具和技艺也在不断发展。而发达的海上贸易交通，使得大量硬木材料广泛进入中国，为家具制造提供了良好的物质基础。

明式家具一般是指明代和清代乾隆时期以前的家具。在继承宋代家具优良传统的基础上，明式家具进行了创新发展，造型简洁大方、制作科学严谨、选材也十分讲究，将中国古典家具推向鼎盛时期。许多文人雅士参与了室内环境营造和家具设计，将高雅清逸、师法自然的理念融入设计，形态富于细节变化但不做过多修饰，突显材料的固有质地及自然纹理，使家具更加简洁朴素、典雅大方。明式家具在居室收纳、空间划分等方面发挥着至关重要的作用，极大增加了居室陈设艺术的灵活性和丰富性。我们当今使用的许多传统家具都是在明代定型。根据在空间中的使用或陈设功能，明式家具基本包括坐具、卧具、承具、庋具、屏具、架具和杂项共七大类。明式家具整体特点如下。

一、布局方式多样

　　明式家具的陈设整体仍分为规则式和不规则式两种。前者依照明显的轴线对称方式布置，一般宫廷和庙宇殿堂都采用此式，在民居堂屋也很普遍。其在对称构图中表现出明显的同一性，易于形成庄重平稳的气氛。受儒学礼教观念的影响，规则式布局讲究简练明确的位序，严格遵守传统伦理的逻辑关系，所谓"立必端直，处必廉方"，日久天长，便成了规范。而明代文人生活空间的陈设则更自由灵活，讲究"忌排偶"，也就是家具、书法、古玩和瓶花的陈设不要绝对的对称。"忌排偶"不是说不能对称地陈设家具物品，而是可以在对称中寻求差异。如果陈设的器物本来是一对，人们为了避开对称的布局而刻意将它们分开，就显得矫揉造作，违背了自然规律和人之常情。此外，当时的百姓在装饰和陈设时也会根据生活习惯、空间特点、审美偏好和风水气候等因素进行科学调整。如宅第厅堂的正中一般设一座屏风，小型桌案、椅凳几架等均可根据用途灵活移动（图7-3）。

(a)《投桃记》插图　　　　　(b)《鲁班经》插图

图 7-3　明代厅堂中常见的陈设方式

不论哪种格局，总以有分有聚、虚实相间为原则。家具"繁简不同，寒暑各异，高堂广榭，曲房奥室，各有所宜"，其体量、数量、丰俭不一，主要取决于空间的大小，受到构成空间的制约。总的来说，无论是空间的装饰布局还是家具的陈设选择，均应做到和谐舒适，不能刻板的追求某一种理论，而忽略了实用性和美观性。如《长物志》所说，空间中几榻的样式选择、摆放数量与位置均应和谐有度，尽量做到简洁实用、精巧自然。

二、气质品位高雅

家具陈设的艺术属性在明代中晚期得到最大限度上的体现。明式家具具有精湛的工艺、简约的设计和深厚的文化底蕴，是中国传统文化的瑰宝，也是中华民族智慧的结晶，彰显着中华民族大国气象。

文人的审美取向也影响明式家具的造型。由于文人的参与以及紫檀、花梨等名贵硬木的应用，明式家具追求古雅的造型风格和大自然本身的朴素无华，避免多余的装饰（图7-4）。如家具用材特别提倡呈现木材本身的纹理美、色泽美和结构美，造型上注重简练，呈现出中国人尊重自然及与自然和谐相处的观念，也反映出当时文人淡泊明志、宁静致远的精神追求。如明代江南四大才子之一的祝枝山有一件官帽椅，其靠背板上镌有王羲之《兰亭集序》的一段文字。文人的诗画墨宝成为家具装饰元素，体现了家具的文化内涵。

图7-4　紫檀南官帽椅（现藏于大都会艺术博物馆）

明代文人积极参与到家具的造型设计和工艺改良中，他们通过亲自参与设计过程或著书立说，将哲学思想和艺术审美融入家具设计中，为明式家具的兴盛贡献了重要力量。一些著作如《遵生八笺》《三才图会》和《长物志》等对当时家具的材料、构造、装饰和用途等进行了记载，作者在书中也表达了自己对家具设计和陈设布置的观点。同时也有实际参与家具设计的文人雅士，如李渔在其作品《闲情偶寄》中设计了适应不同季节的凉杌和暖椅，书画家戈汕在其作品《蝶几谱》中设计了灵活多变的组合家具，高濂在《遵生八笺》中设计了适用于冬夏两季的二宜床，曹明仲在《格古要论》中设计了专用的琴桌。

　　《竹院品古图》展示了苏轼与米芾等好友赏鉴古物文玩的场景。在这一幅图中，仇英精密排布了各式家具、字画和古玩，将一幅繁盛丰美的文人雅集图卷展现在我们眼前（图 7-5），充分体现了明代文人对古物、文玩的热

图 7-5　仇英《竹院品古图》·明

爱，以及他们在文化、艺术方面的追求。图中两件大屏风为主客仆从们分隔出一个半开敞空间，摆放的五张大小不一的桌案，分别是两件明朝广泛使用的刀牙板夹头榫平头案，一件霸王枨四面平式条桌，一件带束腰大画桌，一件藏在侍女身后的矮小炕桌。

三、材料选择考究

从明代到盛清，硬木家具盛行不衰。无论在宫廷还是民间，使用精致昂贵的硬木家具成为风尚。《广志绎》和《格古要论》中均有紫檀、花梨材料使用的记载，《博物要览》中有香楠、金丝楠木使用的记载。

明式家具所选用的材料都是质地坚硬、纹理清晰自然、色泽润泽、触感细腻的珍贵木材，不以繁缛的纹饰取胜。工匠们深刻了解木材特性，也有良好的艺术审美，懂得如何取舍和利用每块材料，发挥材料的最大价值。例如，在制作柜橱的门板时，匠师会将一块厚材一分为二，对称的使用在左右门板，风格隽美工艺精巧；而对于椅凳、桌案和床榻等家具的主要观赏面，也会选用纹理色泽最好而无瑕疵的材料制作。此外，不同的材料也可以有机搭配在同一件家具上，比如在紫檀制的条案上搭配楠木面板，或者在黄花梨木家具上镶嵌瘿木等。明式家具通过多蜡少漆的工艺，展现了木材自然的色泽纹理，也反映了人们追求与自然和谐共生、反对过度修饰的哲学思想。

四、结构构造科学

家具的结构构造是指家具的整体框架确定后，各个部分如何相互连接的方法。这种连接必须满足特定的结构需求，例如折叠式结构需要保证连接部分的折叠收放功能。明式家具在结构上模仿了中国古建筑的木作结构，采用框架为主体，通过立木和横木的组合，以及多种辅助构件来提升整体的稳定性和强度（图 7-6）。

图 7-6　黄花梨木三层架格·明（现藏于上海博物馆）

　　榫卯是保证家具稳固和美观性的关键技术。榫卯结构主要通过榫头和卯槽相互咬合来固定家具的各个部分，有时会使用竹钉、木钉和鱼鳔胶等作为辅助加固。明式家具的榫卯结构严密精巧，形式多样，可满足不同结构、不同部位的构造要求，如条案的案板与腿足连接常用夹头榫和插肩榫（图 7-7和图 7-8），桌子面板与四条腿连接常用粽角榫，圆弧形构架连接常用楔钉榫，以及椅凳腿足加固常用霸王枨和罗锅枨等，无不巧妙绝伦。这样的设计

图 7-7　黄花梨木夹头榫画案·明

不仅使得家具更加结实耐用，而且能够在遇到温度和湿度变化时自然伸缩，延长家具的使用寿命。

图 7-8　黄花梨木插肩榫翘头案·明

在框架结构中，一般以简练的直线为主，有时根据功能与舒适性需求辅以曲线，曲直相间，刚柔相济。图 7-9 所示的黄花梨木圆后背交椅的比例匀称，圆形靠背扶手造型流畅。其椅圈分五段接成，连接处使用楔钉榫使椅圈分段连接而不散落。搭脑与扶手一顺而下，圆婉柔和。构件的交接部位则镶有白铜饰件，兼加固和装饰作用。靠背板上为透雕螭纹，中为透雕麒麟纹，下为壶门亮脚。圈椅上圆下方，体现着古人天圆地方的观念。

图 7-9　黄花梨木圆后背交椅·明

第四节　清式家具

　　清式家具主要是指乾隆以后直到清末民初的家具。清式家具基本承袭明式家具的类型，在品种、造型和装饰上也有创新和发展，产生了一些新的品类，如供书写阅读的架几案、展示各类器物的博古架、面板或腿部雕刻成梅花形状的梅花凳、扶手或腿部设计成鹿角形状的鹿角椅和浑厚庄重雄伟的清式太师椅等。清式家具最大特点是材料奢华、繁纹重饰、讲究吉祥含义，而且越到晚清越是盛行，整体脱离了宋明以来家具秀丽实用的淳朴气质，陷入矫揉造作的"末路"（图 7-10 和图 7-11）。

图 7-10　紫檀雕西洋花纹扶手椅·清

　　清式家具的装饰和制作手法主要包括雕刻、髹漆、彩绘和不同材料的镶嵌工艺等（图 7-12 和图 7-13）。如木雕艺术涵盖了多种技法，包括线雕、透雕、浮雕、圆雕和漆雕等，从纹样到刀法，既模仿竹刻牙雕又仿照玉琢石雕的技法，将家具雕刻推到极致。不仅如此，为争奇斗巧，清式家具制作者在发展雕刻的同时，又运用各种镶嵌技术，如嵌螺钿、木、石、骨、竹、象牙、玉石、珐琅、玻璃及镶金银等饰件，品类繁多，最具代表性的就是所谓"百宝嵌"的盛行。

图 7-11　紫檀镂雕龙纹香几·清

图 7-12　紫檀嵌珐琅五伦图宝座屏风·清（现藏于北京故宫博物院）

图 7-13　紫檀木嵌染牙插屏式座屏风·清（现藏于上海博物馆）

　　在过分重视装饰的同时，清式家具却忽视了家具的整体造型、功能、结构和构造的合理性和使用功能，家具变成了中看不中用的道具。如不顾榫卯的合理穿插，过分依靠胶粘堆砌各种部件；或者一味追求将家具部件模仿某物，如琴、棋盘、书或画，而不顾造型是否真的美观。

　　清式家具一般采用寓意吉祥幸福的图案装饰，如瑞兽、花草以及人物故事等。乾隆作为最高统治者，十分欣赏并倡导这种作风。上有所好，下必趋之。宫廷民间，不分南北，皆受其感染。清代末期，带有西方装饰特点的家具陈设类型开始增多，装饰更加"西化"，一些欧式风格的家具造型开始被大量运用，并出现了中式吉祥图案与西洋家具造型混用的手法。

　　清朝中后期，皇宫贵族着迷于仿古和尚古的陈设和器物装饰，这对当时的文化审美和艺术创作产生了较大的影响，宫廷画作《乾隆皇帝是一是二图》

（图 7-14）便是这种尚古风格的具体体现。该图描绘的是乾隆皇帝的日常生活场景，图中桌案上置放了诸多珍贵器物，如青铜觚、谷纹壁、青花梵文罐和汤叔盘等，涵盖了从商周至明清的古器物。

图 7-14　《乾隆皇帝是一是二图》中的家具陈设·清

事实上当时许多陈设器物只是通过仿古或变古的形式来迎合需求，例如清代官方仿制了许多前朝的青铜器和瓷器。而在清乾隆时期以前家具陈设整体延续了明代庄重典雅、得体合度的风格。如《胤禛行乐图册》描绘了雍正皇帝不同场景中闲适生活的情境。其中"书斋写经"页和"围炉观书"页是当时宫廷室内陈设的代表（图 7-15）。

"书斋写经"页中，一共出现六种家具，带云头牙马蹄足的髹漆描金画案、放置松石盆景的罗锅枨加矮老长方几、搭有动物毛皮的树根随形扶手椅、高束腰三弯腿黑漆描金山水纹几、云纹海水鱼罄原型座屏和山水纹云石拐子龙大座屏。在"围炉观书"页中最近的家具是一件树根随形的矮几，上面放置提盒、扇面形茶承、红釉杯、盖盒、葫芦形壶等。雍正皇帝的坐具是一件黑漆描金的三弯腿圈椅，在椅子的上面带有椅披。靠近隔扇处，立有黑漆描金山水纹多宝格柜。画面的右侧，为造型简练、鼓腿彭牙带开光的坐

(a) "书斋写经"页

(b) "围炉观书"页

图 7-15 《胤禛行乐图册》中的家具陈设

墩，上有红绿相间的椅搭。隔扇后方，隐约能看到一张翘头案，和放置花觚的朱漆海棠香花几。花觚里插有代表冬日的寒梅。

第五节　瓷器与织物陈设

明代手工业水平逐渐提高，促进了当时商业的繁荣，青花瓷、单色釉瓷器及彩瓷都得到了较好的发展（图 7-16 和图 7-17）。单色釉瓷的色彩出现了鲜红釉、黄釉、甜白釉、孔雀蓝釉、孔雀绿釉和紫金釉等。明成化年间，青花瓷还借鉴吴门画派的艺术特色，形成一些写意山水人物的纹饰，画风洗练简洁，富有神韵。建筑彩画、织物纹样及民间绘画也对瓷器纹饰产生了一定影响，丰富了青花纹样的表现内容。漆工艺在明代也有了明显的发展。明宣

图 7-16　浅蓝地粉彩花卉纹葫芦瓶·清

德年间的宣德炉是明代较有代表性的工艺精品，也是中国历史上首次尝试以黄铜铸造的器皿。景泰年间的掐丝珐琅（景泰蓝）工艺制作技术非常成熟。纹饰以缠枝莲、龙凤图案及吉祥图案为主。常被宫廷制作成礼器及室内陈设品。

图 7-17　乾隆掐丝珐琅人形烛台·清

　　明清时期织物的生产规模及种类相对于前朝有了更加明显的提高。尤其是清代织物，色彩和纹样精密搭配，丝织物制作技术先进。在清代宫廷，壁毯、炕毯以及地毯是重要的室内陈设（图 7-18 至图 7-20）。装饰纹样有缠枝花式、散答花式、团花式和几何加花式等，效果追求烦琐多变，并多以吉祥寓意图案为主。

图 7-18　《宫妃话宠图》（局部）中的石凳毯·清（现藏于北京故宫博物院）

图 7-19　博古纹栽绒炕毯·清（现藏于台北故宫博物院）

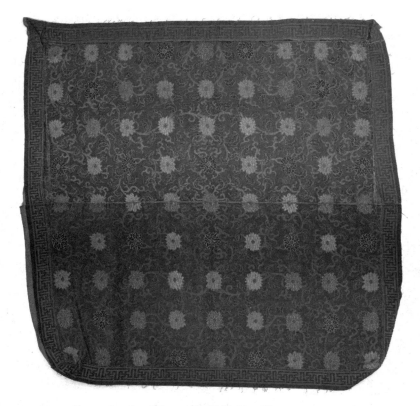

图 7-20　绒垫毯·清

第六节　植物装饰艺术

一、插花陈设

伴随种植、插花、盆景等技术的进步，人们对美的不断追求，明代花卉园艺在室内外的陈设应用逐渐普及（图 7-21 和图 7-22）。高濂的《瓶花三说》记载，瓶花一般置放于厅堂、卧室和书斋中。明代厅堂的中间常设一屏风，屏风前置一供案，案上置器物和瓶花，其他案、几、桌、椅等则根据具体需要灵活布置。部分屏风前为榻，矮几置于榻一侧，上置瓶花香炉。瓶花在书斋中的陈设可分为两类，一类是清雅文人的书斋，一般将瓶花与香炉、文房四宝等搭配陈设。另一类则是更为自由的书斋，较为自然随意（图 7-23）。

(a)陈洪绶《岁朝清供图》·明

图 7-21　古梅山茶插花

(b) 陈洪绶《瓶花图》·明

图　7-21（续）

图 7-22　陈洪绶《高士赏荷图》中石桌上的瓶插荷花·明

　　清代有关插花的著作有沈复的《浮生六记》、张潮的《幽梦影》和汪灏的《广群芳谱》等，对后世具有重要指导意义。受当时盆栽艺术的影响，清代的文人插花除了承袭前代的传统之外，更强调对自然写景效果的表现，盆景式插花开始流行，如利用植物材料营造山林湖泊、旷野池塘的效果。除了器皿插花陈设，也常用松、竹、梅和假山石在室内营造园林小景（图 7-24和图 7-25）。

图 7-23　陈洪绶《饮酒读书图轴》(局部)中书案摆花·明

图 7-24　邹一桂《盎春生意图》·清(现藏于台北故宫博物院)

图 7-25　陈书《岁朝丽景轴》·清（现藏于台北故宫博物院）

二、盆景园林

明清盆景技艺进一步发展，盆景形式更为丰富，相关专著不断问世。屠隆《考槃余事》、吕初泰《盆景》、沈括《浮生六记》、陈淏子《花镜》、李渔《闲情偶寄》和李斗《扬州画舫录》等著作中均有对盆景的记述。许多文学和艺术作品对盆景的创意、造型设计和选材等方面进行了探讨。盆景将自然浓缩，追求山林流水之画境，成为居室生活中"卧游山水"的审美对象。居室中的盆景以点缀为主，不宜过多，如《长物志》所言"盆玩时尚……斋中亦仅可置一二盆，不可多列"。

明清是中国园林的集大成时期，造园活动频繁，植物、山石等自然要素在室内外空间中精心搭配，满足人们亲近自然的需求（图 7-26）。

(a) 牡丹湖石须弥座盆景花池

图 7-26　仇英《汉宫春晓图》局部·明（现藏于台北故宫博物院）

(b) 古梅桩盆景花池

图　7-26（续）

　　文人雅士之所以喜欢在幽静的书房里置放山水盆景，是因为无法将真正的山石、湖池和林木搬入室内，只能用一拳代山，一勺代水，一木代林，有壶中天地之意。盆景之美，首先适于放置在桌案上供人欣赏，其次才是在庭院或台榭之中作造景之用。明清时期，无论盆景还是园林均讲求以小见大，咫尺山林，通天地自然，慰藉心灵（图 7-27）。

(a) 兰花、灵芝、竹和松等组成的盆景

(b) 南天竹瓶插

图 7-27　董诰《韶景寒芳册》·清（现藏于台北故宫博物院）

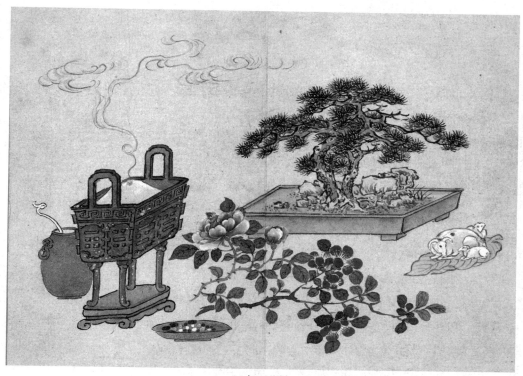

(c) 松石盆景

图　7-27（续）

参 考 文 献

[1] 杨鸿勋. 仰韶文化居住建筑发展问题的探讨 [J]. 考古学报，1975（01）：39-72+182-183.

[2] 王其钧. 中国民居十三讲 [M]. 北京：中国建筑工业出版社，2005.

[3] 赵囡囡. 中国陈设艺术史 [M]. 北京：中国建筑工业出版社，2020.

[4] 西安半坡博物馆. 西安半坡 [M]. 北京：文物出版社，1982.

[5] 波克洛夫斯基. 世界原始社会史 [M]. 卢哲夫，译. 南京：江苏教育出版社，2015.

[6] 谷闻. 漫谈新石器时代彩陶图案花纹带装饰部位 [J]. 文物，1977(06).

[7] 郑韬凯. 从洞穴到聚落：中国石器时代先民的居住模式和居住观念研究 [D]. 2009.

[8] 俞为洁. 三论五叶纹陶块 [J]. 农业考古，2006，103-105.

[9] 宋立民. 春秋战国时期室内空间形态研究 [D]. 中央美术学院，2009.

[10] 侯幼彬，李婉贞. 中国古代建筑历史图说 [M]. 北京：中国建筑工业出版社，2019.

[11] 翟睿. 中国秦汉时期室内空间营造研究 [M]. 北京：中国建筑工业出版社，2010.

[12] 刘敦桢. 中国住宅概说 [M]. 北京：建筑工程出版社，1957.

[13] 陆元鼎，杨谷生. 中国民居建筑 [M]. 广州：华南理工大学出版社，2003.

[14] 李渔. 闲情偶寄 [M]. 长春：吉林文史出版社，2021.

[15] 徐寅岚. 中国传统插花艺术特性研究 [D]. 东南大学，2020.

[16] 王乐，铁铮. 非物质文化遗产传统插花的传承脉络及历史启示 [J]. 西南林业大学学报（社会科学），2023（1）：46-53.

[17] 孙星衍. 三辅黄图 [M]. 北京：中华书局，1985.

[18] 冯广平. 秦汉上林苑植物图考 [M]. 北京：科学出版社，2012.

[19] 成玉宁，等. 中国园林史 (20 世纪以前)[M]. 北京：中国建筑工业出版社，2018.

[20] 李济. 李济文集（卷四）· 跪坐蹲居与箕踞 [M]. 上海：上海人民出版社，2006.

[21] 王其钧. 中国古建筑大系（第五卷）· 民间住宅建筑 [M]. 北京：中国建筑工业出版社，1993.

[22] 南京市博物馆. 六朝风采 [M]. 北京：文物出版社，2004.

[23] 柯嘉豪. 佛教对中国物质文化的影响 [M]. 赵悠，等译. 上海：中西书局，2015.

[24] 唐君毅. 中国文化之精神价值 [M]. 桂林：广西师范大学出版社，2005.

[25] 张安治. 中国美术全集· 绘画编 1· 原始社会至南北朝绘画 [M]. 北京：人民美术出版社，1986.

[26] 中国陈设艺术专业委员会. 陈设中国 [M]. 武汉：华中科技大学出版社，2015.

[27] 王希富. 中国古建筑室内装修装饰与陈设 [M]. 北京：化学工业出版社，2022.

[28] 李可染，等. 中国美术全集 [M]. 北京：人民美术出版社，2015.

[29] 邹清泉.图像重组与主题再造:"宁懋"石室再研究 [J].故宫博物院院刊,2014(2): 97-113+160.

[30] 傅熹年.傅熹年建筑史论文集 [M].天津:百花文艺出版社,2009.

[31] 吴玉贵.中国风俗通史(隆唐五代卷)[M].上海:上海文艺出版社,2001.

[32] 吕思勉.隋唐五代史 [M].南昌:江西人民出版社,2014.

[33] 楚启恩.中国壁画史 [M].北京:北京工艺美术出版社,2000.

[34] 气贺泽保规.绚烂的世界帝国——隋唐时代 [M].石晓军,译.桂林:广西师范大学出版社,2012.

[35] 张宝鑫,魏钰,等.图说中国盆景艺术 [M].北京:中国建筑工业出版社,2020.

[36] 李诫.营造法式 [M].重庆:重庆出版社,2018.

[37] 宋画全集编辑委员会.宋画全集第一卷第一册 [M].杭州:浙江大学出版社,2010.

[38] 王其钧.木构架的奇迹:伟大的中国古建筑 [M].北京:机械工业出版社,2023.

[39] 焦经纬.中国传统生活方式与住宅室内空间演变的关联性研究 [D].东南大学,2020.

[40] 陈增弼.传薪:中国古代家具研究 [M].北京:紫禁城出版社,2018.

[41] 邵晓峰.中国宋代家具(研究与图像集成)[M].南京:东南大学出版社,2010.

[42] 王莲英,秦魁杰.中国传统插花艺术 [M].北京:化学工业出版社,2019.

[43] 张宝鑫,魏钰,等.北京植物园 [M].北京:中国建筑工业出版社,2020.

[44] 周维权.中国古典园林史 [M].北京:清华大学出版社,2018.

[45] 上田信.海与帝国·明清时代 [M].高莹莹,译.桂林:广西师范大学出版社,2012.

[46] 屠隆.遵生八笺 [M].杭州:浙江古籍出版社,2017.

[47] 王世襄.明式家具研究 [M].北京:生活·读书·新知 三联书店,2010.

[48] 袁宏道.瓶史 [M].北京:中华书局,2012.

[49] 乔迅.魅感的表面·明清的玩好之物 [M].刘芝华,方慧,译.北京:中央编译出版社,2017.

[50] 伍嘉恩.明式家具二十年经眼录 [M].北京:故宫出版社,2012.

[51] 文震亨.长物志 [M].杭州:浙江人民美术出版社,2015.

[52] 张朋川.明清书画"中堂"样式的缘起 [J].文物,2006(3):87-96.